우리규방문화와 침선소품

우리규방문화와 침선소품

이미석 著

KSI 한국학술정보[주]

머 리 말

  현재 인사동의 전통소품 전문점들과 곳곳의 문화상품 판매점에서는 한국의 전통문양이나 소재를 현대인의 정서에 맞게 개발, 전시 판매하고 있다. 이러한 문화상품들은 외국 관광객들뿐만 아니라 우리나라 사람들에게도 큰 관심과 호응을 얻고 있다.

  이렇듯 국가의 이미지와 상품이미지를 홍보하는데 있어서 중요한 수단으로 등장하고 있는 문화상품은 그 나라의 가치관이나 문화 등의 정서를 포함한다는 것을 고려할 때, 전통문화와 생활용품의 접목은 단순한 전통의 계승만이 아닌 전통의 재창조라는 차원에서 그 중요성이 크다고 하겠다.

  저자는 평소 우리 전통문화에 큰 관심을 가지고 있었으며, 10여년 전부터는 실제로 우리의 전통바느질기법과 전통염색기법 등을 사사받아왔다. 그러던 중 우리규방문화에 대해 관심을 갖게 되었으며, 우리조상들의 정감이 깃들인 침선도구와 침선소품들이 사라져가는 데 대한 아쉬움에서 조선시대 유물을 중심으로 침선도구와 침선소품 자료들을 수집하게 되었다. 또한 앞으로 어떻게 활용할 수 있을지의 방향을 모색해보고 싶었다.

  따라서 이 책이 한국복식을 공부하는 학생들이나 전통소품을 개발하는 이들에게 우리 침선소품의 올바른 용도와 의미를 알리

고, 새로운 문화상품 디자인을 개발하는데 그 기초 자료로서 도움
이 되었으면 한다. 또한 전통문화를 무조건 모방할 것이 아니라
전통을 바탕으로 한 현대적 활용을 통해 세계인이 공감할 수 있
는 코리아니즘으로 발전시켜 나가길 바란다.

2005년 10월　이 미 석

목 차

표 목 차

그림 목차

니』

작품 목차

제1장 서 론

제1절 연구의 목적과 의의

각 시대의 문화는 그 나름의 예술을 만들며, 시대가 흐름에 따라 그 시대적 미감은 변하기 마련이다. 그러나 시대를 초월하여 공감하고 이해하며 친밀감을 갖게 하는 근원이야말로 '전통(傳統)'이라고 생각한다. 현대를 살고 있는 우리에게 무조건적인 과거에 대한 회상과 집착은 무의미한 것이며, 전통이란 과거의 바탕위에 서서 미래로 발전해 나가는데 그 의의가 있다고 할 수 있다. 따라서 전통을 그대로 답습하는 것이나 전통을 충분히 이해하지 못한 채 무조건 배척하는 태도는 바람직하지 못하며, 전통의 참된 이해를 통해서만 진정한 의미의 재창조가 가능한 것이다.

한국은 지난 오천년의 역사를 자랑하며 고유한 문화를 축적하여 왔다. 이것은 과거에 있었던 삶의 자취는 물론, 소멸되어 가는 전통적인 삶의 모습, 현재 삶의 모습 및 변화양상을 내포하고 있다. 그런데 이러한 내용들은 지난 수십 년간 급속한 산업화와 국민적 무관심으로 소멸되어 가고 있다. 따라서 더 이상 소멸되기 전에 일관된 체계로 종합적으로 발굴, 수집하고 이것을 체계적으로 분석하는 일이 필요하다고 하겠다.

조선시대 여성들은 바깥 외출을 금지할 정도로 사회적인 활동이 철저히 제한되었으며, 단지 가정에서 내훈서(內訓書)를 중심으로 유교정신에 입각한 가정 내 범절과 문자를 배우고 가사기술을 배우는 것이 전부였다. 따라서 여인들은 규방(閨房)에 모여 바느질과 자수를 통해 정신적 자유를 추구했으며 이러한 시대적 상황 속에서 '규방문화(閨房文化)'는 자연히 발달할 수밖에 없었다. 그러므로 규방문화는 여인들의 손끝에서 만들어진 문화라 할 수 있다.

즉 '규방문화(閨房文化)'란 규방(閨房) 혹은 내당(內堂)이라는 생활공간 속에서 여인들이 바느질과 자수(刺繡) 등의 작업을 통해 복식이나 소품들을 만들어냄으로써 자신들의 솜씨와 섬세한 미의식을 표현한 것이라 할 수 있겠다.

현대의 산업화, 기계화된 사회에서 바느질이 여성의 노동 밖으로 밀려났지만 자급자족 경제체제인 조선시대에 있어서 침선(針線)은 여성의 절대적 영역이었다. 이렇듯 바느질은 조선조 여인들에게는 빼놓을 수 없는 덕목인 부덕(婦德), 부용(婦容), 부언(婦言), 부공(婦功) 등과 함께 갖추어야 할 중요한 범절이었다. 따라서 바느질에 소용되는 도구 또한 정성스럽고 귀중하게 사용되었으며 그러한 도구로부터 당대 여인들의 아름다운 품성과 애착을 볼 수 있다. 비록 몇 푼 안 되는 바늘 하나가 부러진 것을 애통해하며 지은 『조침문(弔針文)』에서 얼마나 당대의 부녀들이 항상 곁에 두는 바느질 도구에 정을 느끼고 있었는지를 짐작할 수 있다.

이러한 바느질이 오늘날 여성의 사회진출과 재봉기구의 보급 그리고 상업적인 의복전문점이 발달함에 따라 가정 내에서 점차 소외되어 도구 또한 하나 둘 사라져가는 상태이다. 이렇듯 선인들의 애틋한 정감이 깃들인 침선도구와 소품들이 사라져가는 데 대한 아쉬움에서 조선시대 유물을 중심으로 침선도구와 침선소품 자료들을 수집하게 되었으며, 앞으로 어떻게 활용할 수 있을까에 대한 생각에서 이 책을 시작하게 되었다.

현재 전통문화에 대한 관심이 높아져 가는 시점에서 복식과 공예 각 분야에서 바느질도구[1]와 소품에 대한 연구[2]가 진행되고 있

---

1) 洪性德, "우리나라 바느질道具 小考－李朝時代를 中心으로－", (석사 학위논문, 이화여자대학대학원, 1972).

吳雪中子, "우리나라 바느질 用具에 關한 研究", (석사학위논문, 숙명여자대학교 대학원, 1980).

박정식, "우리나라의 바느질 用具 小考: 조선왕조시대를 중심으로", (석사학위논문, 세종대학교대학원, 1980).

2) 朴仁子, "朝鮮朝 바늘집과 바늘꽂이에 관한 研究－刺繡品을 중심으로－", (석사학위논문, 숙명여자대학교 대학원, 1986).

金文玉, "朝鮮時代의 실패에 關한 研究", (석사학위논문, 숙명여자대학교 대학원, 1986).

朴昭美, "우리나라 골무에 關한 研究", (석사학위논문, 숙명여자대학교 대학원, 1985).

이혜선, "전통자수의 조형성을 통한 현대자수 작품연구", (석사학위논문, 이화여자대학교 대학원, 1995).

박정례, "조선시대 繡노리개에 대한 연구", (석사학위논문, 이화여자대학교 대학원, 1981).

심미경, "조선왕조 후기 노리개에 관한 연구", (석사학위논문, 서울여자대학교 대학원, 1982).

정성복, "우리나라 노리개에 관한 연구", (석사학위논문, 이화여자대학교 대학원, 1970).

예덕희, "조선시대 주머니 문양에 관한 연구", (석사학위논문, 홍익대학교 대학원, 1976).

이미석, "향(香)집에 관한 연구", (석사학위논문, 숙명여자대학교 대학원, 1994).

許晶華, "傳統 繡褓에 關한 研究－조선조 후기 繡褓의 문양을 중심으로－", (석사학위논문, 숙명여자대학교 대학원, 1985).

김영숙, "朝鮮時代 조각보자기에 나타난 색채 연구", (석사학위논문, 성신여자대학교 대학원, 1988).

金昭英, "朝鮮時代 褓에 나타난 美意識 연구", (석사학위논문, 대구카톨릭대학교 대학원, 2001).

都琴玉, "조선시대 조각보의 조형성 연구", (석사학위논문, 동국대학교 대학원, 1997).

金星嬉, "朝鮮朝 後期 조각褓에 대하여: 針線을 중심으로", (석사학위논문, 홍익대학교 대학원, 1979).

정봉례, "조선조 규방용품을 응용한 장신구 연구", (서사학위논문, 숙명여자대학교 대학원, 1998).

김문주, "天然染色을 이용한 針線 工藝品에 관한 연구－주머니와 조각보를 중심으로－", (석사학위논문, 대구카톨릭대학교 대학원, 2001).

으나, 대부분 분야별로 조형성을 중심으로 한 단편적인 연구가 이루어져 왔으며 그중에서도 조각보나 수보자기 등 보자기에 대한 연구가 많이 있었다.

따라서 이 책의 목적은 우리문화를 대표할만한 문화상품에 대한 요구[3]가 절실한 요즈음 우리 규방여인들의 손에서 손으로 이어진 각종 침선소품의 종류와 쓰임새, 제작기법들을 종합적으로 고찰하여 실제로 재현해보고 응용해보고자 하는데 있다. 나아가 전통침선소품의 응용을 통하여 현대인의 감각에 맞고 세계인이 공감할 수 있는 공예품으로 발전시켜 나가는데 의의가 있다.

제2절 연구의 내용과 방법

이 책에서는 우리 규방문화 속에서 이루어진 침선소품류의 종합적 고찰을 통하여 실제로 재현해보고 현대적으로 응용 해보고자 하였으며, 이와 같은 연구목적을 이루기 위하여 문헌연구와 실

허동화, 『우리규방문화』 (서울: 현암사, 1997).

허동화, 『옛보즈기』 (서울: 한국자수박물관 출판부, 1988).

김현희(편저), 허동화(감수), 『보자기』 (서울: 한국문화재보호재단, 2000).

김정호, 이미석, 『전통염색과 소품 만들기』 (대전: 한남대학교 출판부, 2001).

3) 배천범, 박민여, 금기숙, 『패션디자인 문화상품 개발·육성 방안 연구』 (서울: 문화관광부,1998).

대한무역투자진흥공사, 『주요국의 문화상품 개발 지원제도 및 우리 문화상품의 해외진출방안: 전통문화상품을 중심으로』 (서울: 문화관광부, 1998).

강응선, 『우리나라 문화상품의 디자인개발 진흥정책에 관한 연구: 최종보고』 (서울: 매일 경제연구소, 1997).

증연구를 병행하였다.

이 책의 내용은 다음과 같다.

제1장 서론에서는 연구의 목적과 의의, 연구의 내용과 방법, 연구의 범위, 용어정의를 제시하였다.

제2장 규방문화(閨房文化)에서는 첫째, 문헌고찰 및 선행연구를 통하여 우리 규방문화가 이루어지게 된 사상적인 배경과 조선시대 여성들의 생활상과 규방교육에 대해 살펴보았다.

제3장 침선(針線)에서는 침선에 필요한 침선도구와 침선소품류에는 어떠한 것들이 있는지 침선소품의 종류와 용도를 고찰하였으며, 또한 침선소품류에 나타난 색상과 문양을 살펴보았다.

제4장 침선소품(針線小品)의 재현(再現)과 응용(應用)에서는 첫째, 조선시대 침선소품에 나타난 소재와 염색 및 침선기법을 밝혀보고자 문헌자료와 관련 전문가를 통하여 익힌 방법을 적용하여 염색실험을 하였으며 침선기법을 살펴보았다. 둘째, 침선소품의 재현에서는 전통소품전문점에 대한 시장조사결과 현재 응용의 여지가 높다고 생각한 골무, 바늘꽂이, 염낭, 귀주머니, 약주머니, 보자기, 버선본집, 수저집을 선정하여 이들의 제작기법을 구체적으로 살펴보았으며, 본인이 실제 작품으로 제작하여 재현하였다. 셋째, 침선소품의 응용에서는 현재 침선소품류들이 어떻게 상품화되어 있는지 조사하였으며, 본인이 창작한 응용작품을 제시하여 앞으로 어떻게 활용할 수 있을지의 방향을 모색해보는 계기를 마련하였다.

제5장 결론 및 제언에서는 우리 규방문화가 이루어진 배경과 그 속에서 이루어진 각종 침선소품류들의 종류와 용도, 제작기법, 앞으로의 활용방안 등을 요약, 정리하였으며, 후속 연구에 대한

제언을 하였다.

 이 책의 연구방법은 다음과 같다.

 첫째, 『규중칠우쟁론기(閨中七友爭論記)4)』, 『조침문(弔針文)5)』, 『규합총서(閨閤叢書)6)』, 『조선복식고(朝鮮服飾考)7)』, 『조선여속고(朝鮮女俗考)8)』, 『조선왕조실록(朝鮮王朝實錄)9)』 등의 문헌고찰 및 국내외의 서적 그리고 선행연구(주 1), 2) 참조)를 통하여 우리 규방문화의 배경

---

4) 『閨中七友爭論記』는 작자, 연대 미상의 가전체 작품으로 2~3종 이본이 있으나 서울대학교 가람문고에 소장된 『망로각수기(忘老却愁記)』에 실려 있는 작품이 가장 상세하고 정확하다. 이 작품은 규방에서만 느낄 수 있는 섬세한 정서를 잘 표출하고 있다. 한글 수필의 하나로서, 자-척부인, 가위-교두각시, 바늘-세요각시, 실-청, 홍흑백각시, 인두-인화부인, 다리미-울낭자, 골무-감토할미로 의인화된 바느질 도구인 바늘·자·가위·인두·다리미·실·골무를 규중 여자의 일곱 벗으로 등장시켜, 인간 세상의 능란한 처세술에 견주어 이를 풍자하고자 한 것이다.

5) 조선 순조(19세기) 때 유씨 부인의 고전수필로 제침문(祭針文)이라고도 한다. 미망인 유씨의 작품으로 알려졌을 뿐 연대와 작자의 인적 사항 등은 모두 미상이다. 고어(古語)의 자취 및 표기법상으로 볼 때, 조선조 말 내간체 작품들과 별 차이 없는 점으로 보아 연대는 19세기 중엽으로 볼 수 있다. 작자는 사대부 가문의 청상과부인 듯, 문장 실력과 고사(古事)에 능통한 점으로 보아, 비록 삯바느질을 하고 있는 처지이나 어려서부터 독서와 문안 편지 쓰기로 실력을 닦아온 양반집 딸인 듯하다. 『의유당 관북 유람일기』, 『규중칠우쟁론기』와 더불어 여류 수필의 백미로 알려져 있다.

6) 1809년(순종9년) 빙허각 이씨(憑虛閣李氏)가 엮은 가정 살림에 관한 내용의 책으로 술과 음식, 바느질과 길쌈, 시골살림의 즐거움, 병 다스리기 등 가정생활 전반에 관한 내용이 순수한 우리말로 기술되어있으며, 특히 봉임측(縫紝側)에는 옷 만드는 법, 물들이는 법, 길쌈, 수놓기, 누에치기 등이 수록되어 있다.

7) 李如星, 『朝鮮服飾考』 (서울: 白楊堂, 1981).

8) 李能和, 『朝鮮女俗考』 (서울: 新韓書林, 1968).

9) 조선 태조에서 철종까지(472년간) 조선시대의 정치·경제·사회·문화 등 다방면에 걸친 역사적 사실을 망라하여 수록하고 있다.

과 풍속 등을 알아보았다.

둘째, 국립민속박물관10), 온양민속박물관11), 사전자수 박물관12),
단국대 석주선 기념박물관13), 태평양 박물관14), 초전섬유박물관15),
숙명여자대학교 박물관16), 이화여자대학교 박물관17) 등에서 침선

---

10) 조선왕조의 문화와 전통 민속 생활 문화를 함께 접할 수 있는 서민
    문화가 생동하는 문화의 우물터로서, 민속 문화의 연구·수집·보
    존과 문화교육 및 생활문화 전시로 전통문화에 대한 올바른 인식을
    통한 민족적 자긍심을 일깨 울 수 있는 국가 유일의 전통생활사 박
    물관이다.
11) 온양 권곡동에 자리한 민속박물관은 조상들의 생활 전반에 걸친 민
    속자료를 전시한 국내 최대의 민속 박물관으로서 민속자료 14,000
    여 점을 보유하고 한국인의 일생, 의생활, 식생활, 부생활의 모습,
    직업과 민속공예 민간신앙, 오락, 학술과 제도, 특별전시관과 옛소
    리 감상실이 있다.
12) 전통조각보와 자수용품 전시공간으로 한국전통의 아름다운 색상과
    고유 문양을 가진 자수, 보자기, 복식 등의 규방 공예품 유물들이
    다양하게 수집, 전시되어 있는 사립 박물관이다.
13) 국내에서 유일한 전통복식 분야를 갖춘 박물관으로서 격조 높은 복
    식문화를 전시하고 있어 우리 복식 문화를 밝히는데 이바지하고 있
    다. 고 난사 석주선(故 蘭斯 石宙善) 박사께서 일생동안 모으신 전
    통복식과 민속유물 3,365점을 기증 받은 것이 그 바탕이 되어 일반
    서민의 의복에서 궁중의 의복, 각종 장신구들까지 약 7천여 점의
    복식관련 유물들이 전시되어 있다.
14) 1979년 당시 세계 최초로 설립된 화장품 박물관으로 청동기시대의
    유물부터 대한제국의 것까지 1천여 점이 상설 전시되고 있다. 우리
    나라의 여성문화를 여과 없이 볼 수 있는 곳이다.
15) 한국 전통조각보기법의 전승과 한국섬유예술의 세계화라는 목표 아
    래 국내 전통조각보 100여점과 해외 퀼트 100여점을 소장하고 있
    으며 년 중 상설전을 열고 있다.
16) 고고, 역사, 인류학, 민속, 전통미술에서 현대미술에 이르기까지 6
    천여 점의 다양한 유물을 소장하고 있으며, 특히 여성생활사에 관
    한 자료들을 중점적으로 수집 연구하고 있다.
17) 조선시대 남녀의 장신구가 주를 이루며 이 밖에 의복·수예품·목
    공소품·가구 등이 포함되어 있다. 이 유물은 우리가 흔히 접할 수
    없었던 조선시대 왕실과 사대부 계층에서 사용되었던 것이 대부분
    으로 그 당시 상류사회의 세련되고 우아한 미의식이 배어있어 미적

소품류에 관한 실물자료를 직접 관찰 검토하였으며, 박물관 전시자료 및 기타 사진자료를 수집하여 분류, 분석하였다.

셋째, 침선소품류에 대한 제작기법을 알아보고자, 중요무형문화재 침선장, 누비장 그리고 자수 명장으로부터 전통바느질 기법을 익혔으며, 국립중앙박물관, 경남 통도사, 전남 벌교 등에서 전통염색기법을 익혔다.

넷째, 현재 상품화되어 있는 침선소품류를 조사하기 위하여 서울 인사동거리의 전통소품전문점, 명동의 한국관광명품점, 박물관 내 기념품점 등을 중심으로 시장조사를 실시하였다.

제3절 연구의 범위

이 책의 연구범위는 침선도구나 침선소품들이 일부의 금속제를 제외하고는 모두가 그 재료에 있어 부패되기 쉬운 것이어서 수집된 유물자료 대부분의 것이 조선 중, 후기의 것으로 한정되었으며, 우리나라 각 박물관에 소장되어 있는 것을 중심으로 하였다. 그러나 전통을 면면히 지켜오는 일종의 민속도구로서 수집된 유물로 미루어 전기의 것을 유추해 볼 수밖에 없어 고려이전의 유물 도판을 자료가 있는 대로 참고가 될 것으로 믿어 첨가하였다.

또한 수집된 유물자료를 이 책에서 사진자료로 모두 제시할 수 없어 형태나 재료에 있어서 대표할만한 것을 저자가 임의로 선택하여 제시하였다.

미비 된 자료이기는 하나 실물과 문헌 그리고 선행연구를 참고

─────────────

으로나 역사적으로 높은 가치를 지닌다. 현재 전시실에는 600여 점의 유물을 선정하여 공개하고 있다.

로 하여 침선도구와 침선소품의 종류를 정리하고 재현해봄으로서 현대적으로 어떻게 응용할 수 있을지 알아보았다.

제4절 용어정의

이 책에서 사용된 용어의 정의는 다음과 같다.

* 규방(閨房): 부녀자가 거처하는 방[18]
* 규방문화(閨房文化): 규방(閨房) 혹은 내당(內堂)이라는 생활 공간 속에서 여인들이 바느질과 자수 등의 작업을 통해 복식 이나 소품들을 만들어냄으로써 자신들의 솜씨와 섬세한 미의 식을 표현한 것을 말한다.

* 침선(針線): 원래 바늘과 실이라는 말[19]로서 바늘에 실을 꿰 어 옷을 짓거나 꿰매는 일 즉, 바느질을 말한다. 또한 침선은 넓은 의미로 볼 때 복식전반을 만드는 일을 말하는데, 복식 (服飾)이란 의복(衣服)과 장식(裝飾)을 총칭하므로 바늘에 꿰 어 바느질로서 만들 수 있는 모든 것을 포함한다.

* 침선소품(針線小品): 규방여인의 침선에 의하여 만들어진 침 선에 쓰이는 도구나 복식 이외의 작은 생활용품으로, 이 책 에서는 골무, 바늘집, 바늘꽂이, 주머니, 보자기, 수저집, 향 집, 버선본집, 가위집, 자집, 안경집, 매듭단추, 쌍밀이단추, 쌈지, 열쇠패로 설정하였다.

---

18) 이기문 감수, 『동아 새국어사전』(서울: 두산동아, 2001), p.320.
19) 上揭書, p.2365.

제2장 규방문화(閨房文化)

　본 장에서는 우리 여인들의 삶에 절대적인 영향을 끼쳤던 유교
문화와 여성의 관계를 살펴보았으며 또한 조선시대 여성들의 생
활상, 규방교육에 대해 살펴보았다.

제1절 유교문화와 규방교육

1) 유교문화와 여성

　조선(朝鮮)의 건국(建國)은 고려(高麗)가 안고 있던 정치적, 사
회적 모순과 폐단을 극복하고 해결하는 과정에서 이루어졌으며,
유교사상을 건국(建國), 치국(治國)의 이념으로 삼은 봉건적인 중
앙집권체제의 엄격한 신분계급의 사회였다.

　주자학의 유입 등 유교적인 사회사상이 들어오면서 고려말기부
터 차츰 저하되기 시작한 여성의 지위는 완전히 제도적으로 묶이
게 되었으며, 특히 삼재가 금지와 일부다처제 확립은 주자학에서
주창되는 예의와 덕목을 강조한 정치이념과 밀착되어 고려에 대치
한 조선지배층에 적극 수용되기 시작하였다.

　여성사(女性史)에서 볼 때 조선시대야말로 한국여성에게는 최악
의 시대라고 할 수 있다. 원시 샤마니즘 사회에서 사제자(司祭者)
로서의 여무(女巫)의 위치라든가, 신라시대만 하더라도 여왕이 세
분이나 나왔다는 사실 하나만 가지고도 당시 여성들의 사회적 위

치를 알 수 있다. 또 고려에 내려와서도 신라만큼은 못된다 하더라도 조선시대와 같이 비참하지는 않았다. 『고려도경(高麗圖經)』에 이른바 '男女 離合無常'이라 있듯이 애정에 자유로웠고, 왕실에서 조차 재가(再嫁)가 가능할 정도로 인간본연의 권리에 남녀, 하등(何等)의 제도적 차별이 가해지지 않았다는 사실만 보고도 알 수 있다.[20] 남존여비의 철저한 규범 속에 들지 않았던 고려시대의 여인들은 자유롭게 사랑할 수도 있었고, 이별이나 생활의 감정을 또한 마음껏 표현하며 노래할 수도 있었던 것이다. 고대의 고귀한 문헌들, 특히 악학궤범(樂學軌範)이나 악장가사(樂章歌詞)나 시용향악보(時用鄕樂譜)들이 전해주는 고려시대의 가사들은 고려여인들이 애수(哀愁)속에서도 자유 분망하게 생활하고 노래하고 정감했던 소식을 여실히 증명해 주고 있는 것이다.[21]

실제로 당시의 상황을 살펴보면 부녀들이 사찰에 올라가 남녀가 함께 기거하면서 성도덕의 문란사태가 야기되었고, 산간수곡에서 유연(遊宴)하거나 야제(野祭)와 산천(山川), 성황(城隍) 등을 지내면서 여러 가지 좋지 않은 모습을 보여준 것도 사실이다.

따라서 당시 그들은 고려 말기 이래의 사회적 혼란을 수습하고 새로운 사회질서를 확립하기 위해서 여성들의 방종한 행동을 강력하게 규제해야 한다고 생각하고[22] 여러 가지 제재조치를 강구

---

20) 亞細亞女性問題研究所(金用淑), 『李朝女性研究-韓國女流文學의特質-』 (서울: 숙명여자대학교 출판부, 1976), p.72.
21) 上揭書, p.335.
22) 『고려도경(高麗圖經)』에서는 '고려의 서민들은 남녀 혼속에 경솔하여 합하고 부부가 쉽게 헤어지니, 전예의 법이 아니었다'라는 것으로 보아, 삼국시대 이후 고려시대에도 자유혼이 계속된 것으로 보인다. 그러나 고려 후기 원나라와의 접촉이 있으면서부터 자유혼이 차차 중매혼으로 바뀌었다. 이러한 자유혼으로 결혼생활 중 이혼도 또한 손쉽게 이루어졌음을 볼 수 있으며, 남편이 먼저 죽은 후 부인의 재가도 전혀 문제가 되지 않았다. 그리고 삼가까지 하는 일도 있었다고 한다. 또한 고려에서는 50세 넘은 과부가 자손이 없으면

하였으며, 이를 위해 『경국대전(經國大典)23)』에 명문화(明文化)하였다. 그 결과 조선왕조의 집권세력은 여러 가지 새로운 정치적, 사회적 시책중의 하나로서 여성들의 외출을 억제하고 문란해진 성도덕을 바로잡을 필요가 있다고 판단했던 것이다. 그러면서 자연스럽게 유교적 가치관이 이러한 조처를 정당화시키고 합리화시키게 되었다.24)

이러한 시대적 상황에서 유교정치를 구현하기 위해서는 유교적인 문물제도와 정비가 우선적인 과제가 아닐 수 없었다.

유학이 우리나라에 전래된 것은 문헌상의 기록에 의하면 불교(佛敎)가 고구려(高句麗)에 전해지기 전 백제에 전래된 것이 시초이다. 즉 이 무렵 백제에서는 오경박사(五經博士, 王仁)가 일본에 건너가 『논어(論語)』와 『천자문(千字文)』을 전했으며, 근초고왕(近肖古王) 때에는 고구려에 창립된 국학(國學)과 비슷한 유학기관이 성립되었다.

한편 삼국(三國) 가운데서 신라(新羅)는 유학의 발달이 가장 늦어 682년에야 국학의 설립을 보았다. 그러나 유교사상은 이미 그 이전 위만조선(衛滿朝鮮), 한사군(漢四郡)시대 이래로 한나라의 문물제도와 학술사상이 전반적으로 같이 이식되었다고 볼 수 있다. 『위략(魏略)』25)에 보면 위만조선(衛滿朝鮮)시대 연소왕(燕昭王)

당연히 개가하고 40세 이상의 과부도 자녀를 데리고 재가 하였다. 또한 가계계승에 있어서도 남손이 없을 경우는 여손도 가계를 계승할 수 있었고, 가산도 아들 딸 구별 없이 균분 상속하였다. 이로서 삼국시대나 고려시대에는 남아 존중사상이 약했으며, 남녀가 극히 자유스럽게 교제하였던 것을 알 수 있다.

23) 15세기말 成宗代에 와서야 世宗대 이래의 유교적인 의례제도 정비가 마무리되어 유교정치를 수행할 수 있는 법적인 체계가 『經國大典』으로 완성되고, 국가차원에서 시행해야 할 의례는 『國朝五禮儀』로 정비되었다.
24) 하현강, 『한국여성의 전통상』 (서울: 민음사, 1985).
25) 『위략』의 작자는 어환(위나라 사람)으로, 이 책은 정사 『삼국지』 이

29年(B. C. 283)에 조선 후왕(侯王)이 연나라와 국제외교 관계를 행하였다고 하니 당시 한자(漢字)가 전래함과 아울러 한자 속에 내포된 유교사상을 이미 습득하고 있었던 것이라 추측된다. 예를 들면 '효(孝)'자를 통해서 부모를 섬기고 존경하는 아들의 도리를 배우고, '충(忠)'자를 통해서 신하가 임금에게 충성하는 도리를 배우고 '신(信)'자를 통해서 붕우(朋友) 간이나 국제간에 지켜야할 도리를 배웠을 것이다.

이러한 충효사상은 중국에서 공맹유학(孔孟儒學) 이후에 들어와 삼국시대에 있어서 삼국의 고대국가 건설과 발전과정에서 자주정신과 저항의식을 통하여 고대 부족사회에 공동체의식을 고취하는데 중대한 역할을 했으며, 자국(自國)의 수호와 가정윤리로서의 지대한 영향을 주었으며 신라 화랑의 지도이념에까지 그 영향을 미쳤다.

그 후 유교는 한국문화에 끊임없이 접촉되어 오다가 고려조에 들어와서는 불교(佛敎)를 숭상한 나머지 유교(儒敎)는 쇠퇴하여 그 자취를 감추게 되었다. 한편 고려 말에 이르러 불교계는 사회의 혼란과 질서의 문란을 야기 시켰다. 그러므로 새로이 일어난 조선은 국민을 교도하기 위하여 새로운 지도사상이 필요하게 되었다. 이때에 충효를 근본도덕으로 하고 삼강오륜에 힘쓰며 상하의 계급과 질서를 존중하는 유교를 국시로 삼게 되었던 것이다.[26]

그러나 조선 초기(朝鮮初期)에는 불교·도교·민간신앙적인 요소가 여전히 유교적인 질서와 대립하고 있었다. 조선 초기에 이와 같은 전통적 사상 신앙은 유교이념의 구현이란 점에서 배척되기도 하였으나 왕권의 강화와 중앙집권체제의 강화라는 필요에서

전에 만들어졌다. 동시대 인물에 의한 현대사이므로 상당히 신뢰할 수 있다.
26) 이선재, 『유교사상과 의례복』 (서울: 아세아문화사, 1992), p.13.

용인되기도 하였다.

　조선 유교정치는 세종대에 이르러 그 기반이 조성되었고 집현전을 설치해 많은 학자들을 양성하여 성리학을 학습하게 하였고, 고제(古制)를 연구하는 등 유교체제 정비에 박차를 가하였다. 그리고 집현전을 중심으로 유교정치를 담당할 수 있는 유학자군이 양성되어서, 이들에 의하여 유교적인 의례와 제도가 정비되어갔다. 또한 『주자가례』[27]를 시행하고 『삼강행실도』[28]를 간행하여 유

---

27) 관(冠)·혼(婚)·상(喪)·제(祭) 사례(四禮)에 관한 예제(禮制)로서의 『주자가례』는 조선시대에 이르러 주자학이 국가 정교(政敎)의 기본강령으로 확립되면서 그 준행(遵行)이 강요되어 처음에는 왕가와 조정 중신에서부터 사대부(士大夫)의 집안으로, 다시 일반서민에까지 보편화되기에 이르렀다. 『가례』는 가정생활에서 지켜야 할 관혼상제(冠婚喪祭)의 예(禮)를 가리키는 것이다. 이것은 주로 가정에서 행하여지는 부자유친(父子有親), 부부유별(夫婦有別) 등의 규범에 대한 생활화를 목적으로 만들어진 것이다. 따라서 『가례』가 적극적으로 보급 권장되었던 사실은 새로운 유학으로서의 성리학에 의한 통치를 위하여, 국민들로 하여금 '효(孝)' 등의 기초적 규범에 익숙하게 하려는 뜻이 있었던 것으로 풀이된다. 기초적 규범을 가정단위로 한 생활화부터 꾀하기 시작한 것이 『가례』 보급 전파가 지닌 뜻이다. 『문공가례(文公家禮)』라고도 하며, 5권, 부록 1권이다. 한국에 전해진 『주자가례』는 명(明)나라 성화(成化)연간에 구준(丘濬)이 위의 『주자가례』를 기초로 하여 여기에 의절고증(儀節考證)·잡록(雜錄)을 추가하여 『문공가례의절(文公家禮儀節)』 8권으로 만든 것이 고려 말기 주자학과 함께 전래되었다.

28) 세종 연간에는 책의 출간 활동이 활발하게 이루어졌는데, 그 중에는 집권 이데올로기인 유교의 습속을 민간에 뿌리내리기 위한 책들이 적지 않았다. 삼강행실도 그 중 하나로, 1431년(세종 13)에 집현전(集賢殿) 부제학(副提學) 설순(偰) 등이 왕명에 따라 조선과 중국의 서적에서 군신(君臣)·부자(父子)·부부(夫婦) 등 3강(三綱)의 모범이 될 만한 충신·효자·열녀를 뽑아 충(忠), 효(孝), 열(烈, 정절)을 적극 권장 교육하기 위하여 과거 중국과 한국에 있었던 유명한 충신, 효자, 열녀의 사실을 아이들이나 부녀자에 관계없이 무식한 사람들이라도 볼 수 있게 그림과 글로 설명한 책이다. 권부(權溥)의 『효행록(孝行錄)』에 한국의 옛 사실들을 첨가하여 국민교화서적(國民敎化書籍)으로 삼고자 하였으며, 내용은 삼강행실효자

40

교적인 사회윤리를 보급하였다.

조선중기(朝鮮中期)에 이르면 유교(儒敎)는 한국사상사에 있어서 결정적 의미를 가지게 되는 성리학(性理學)29) 시대가 된다. 이시기에는 국교적 지위를 확립하여 국가 통치체제뿐만 아니라 사회전반에 걸쳐 국민생활을 지배하는 윤리도덕으로 확립되게 되었고 탁월한 학자들을 배출하게 되었다.

성리학(性理學)의 도입 이래 여성의 생활은 유폐속의 순종만을 강요하였다. 출생과 더불어 차별대우를 받고 태어난 조선여성들은 그 성장과정에 있어서도 남형제들과 구별되기는 마찬가지였다. 의복(衣服), 음식(飮食)등 일상생활에서 남선여후(男先女後), 남존여비(男尊女卑)는 이미 사회윤리였으며, 더욱이 교육적인 측면에서는 전연 도외시 당하는 존재였다. 그리하여 아들은 학문을 가르치되 딸은 가르치지 않는 이른바 '但敎男而 不敎女'가 '御婦事夫'의

도(三綱行實孝子圖)·삼강행실충신도(三綱行實忠臣圖)·삼강행실열녀도(三綱行實烈女圖)의 3부작으로 이루어져 있다. 효자도에는 '순임금의 큰 효성(虞舜大孝)'을 비롯하여 역대 효자 110명을, 충신도에는 '용봉이 간하다 죽다(龍逢諫死)' 외에 112명의 충신을, 열녀도에는 '아황·여영이 상강에서 죽다(皇英死湘)' 외에 94명의 열녀를 소개하고 있다. 각 사실에 그림을 붙이고 한문으로 설명한 다음 7언절구(七言絶句) 2수의 영가(詠歌)에 4언일구(四言一句)의 찬(贊)을 붙였고, 그림 위에는 한문과 같은 뜻의 한글을 달았다. 그 후 이 책은 1481년(성종 12)에 한글로 번역되어 간행되었고, 이어 1511년(중종 6)과 1516년, 1554년(명종 9), 1606년(선조 39), 1729년(영조 5)에 각각 중간되어 도덕서로 활용되었다.

29) 주자학(朱子學)으로 일컫는 성리학이 우리나라에 들어오게 된 계기는 13세기 말엽 고려 충렬왕 15년에 안향(1243~1306)이 원(元)나라에 들어가 『주자전서(朱子全書)』등 많은 서적과 공자(孔子), 주자(朱子)의 상(像)을 그려가지고 온 것이 시초이다. 신유학(新儒學)인 성리학은 종래 침체되었던 유학의 중흥을 시도하여 자체를 재정비하고, 고려말기에 있어서 불교와 유교의 전환이라는 커다란 변동을 가져왔으며, 유교를 국시로 하는 조선조를 성립시키는 원동력이 되었던 것이다.

의리(義理)라 하여 여성들에게는 무지(無知)를 강요했으니 이런 여성이라야 삼종(三從)의 틀에 매이기 안성맞춤이기 때문이다.

이와 같은 남존여비(男尊女卑)의 이데올로기는 서당이나 가정에서 더 강조되어 '三從之道'나 '烈女不更二夫'의 의(義)가 일반민중에까지 받아들여지게 되었고, 따라서 남녀를 상과 하의 서열로 갈라놓게 되었다.[30]

2) 여성과 규방교육

전통사회에서 여자가 학문에 종사한다는 것은 생각할 수 없었다. 조선시대 여자의 무식함은 오히려 덕(德)이 된다는 歪曲된 역설이 사회의식구조 속에 엄연히 도사리고 있었다. 부녀들에게 그와 같이도 「節義」를 요구하면서 여자에 대한 인식은 말이 아니었다. 여자에게는 도대체 가르치지 않았다.

비록 양가의 규수라 할지라도 문자를 깨치고 나면 소학(小學)이나 명감(明鑑), 여교(女敎) 등 수신을 배워서 단지 구고(舅姑)를 섬기고 남편을 받들며 빈객을 맞이하는 행신법도(行身法道)를 익히는 것이었다.

『소학(小學)』에 "女子 十年이면 不出 (立敎篇)"이라는 가르침에 따라 여자는 사회활동보다는 안에 위치함이 바르고, "男女七世不同席(立敎篇)"이라는 가르침에 따라 남자와 여자가 7세가 되면 자리를 같이하지 않는다.

또 "男不言內 女不言外(明倫篇)"라 하여 남자는 밖에 거하여 안에 일을 말하지 아니하고 여자는 안에 거하여 바깥일을 말하지 않는다는 내외법과 오륜 중 부부유별의 윤리에 의해 남녀는 역할과 책임을 달리하고 있다고 믿어 어려서부터 다르게 자라왔고, 내외법

---

30) 崔在錫, 『한국문화사 대계: 풍속, 예술사편』 (서울: 고대 민족문화연구소).

이 강화됨에 따라 여성들은 더욱 더 사회와의 길이 두절되어 가정만이 유일한 활동무대가 되었다.[31] 그러므로 학식 있는 여자는 희소(稀少)하였으며 항간(巷間)에서는 여자가 유식하거나 재간이 있으면 박복하다는 말이 있었다.

이렇듯 아들에게는 글을 가르치고 딸들에게는 글을 가르치지 않는 것이 조선사회의 전반적 경향이었고, 고작 가르친다 해도, 심오한 학문연구보다 가정에서 여성교훈서(女性敎訓書) 중심으로 유교정신에 입각한 가내범절(家內凡節)과 문자를 배우고 가사기술(家事技術)을 배우는 것이 전부였다.

당시 여성교훈서(女性敎訓書)에 나타나 있는 여성의 학문에 대한 기록을 살펴보면 "여성도 시경(詩經), 서경(書經), 사기(史記), 논어(論語), 예기(禮記)의 내칙(內則)을 읽어야 하며 역대(歷代)의 국호(國號)와 선대조상(先代祖上)의 이름을 알아야 한다"[32]라고 여성교육의 필요성을 지적하고 "남자를 가르치지 아니함은 내 집을 망케 함이요, 여자를 가르치지 아니함은 남의 집을 망케 하는지라"[33], "여자의 일신이 남자에게 비하면 가벼운 듯 하나 남의 집 흥망성쇠(興亡盛衰)가 다 여자의 착하고 착하지 아닌대 있나니"[34], 라고 훈계하고 있어, 당시 여성교육은 '修身齊家'에 그 목표를 두고 '母良妻'를 이상적 교육인간상으로 하고 있음을 알 수 있다.

조선조 초기 여성에게 읽혀진 교훈서(敎訓書)는 모두 중국의 것으로 후한(後漢)의 조조(曹昭) 찬(撰)으로 전해지는 『女誡』, 당(唐)의 송약(宋若)의 찬(撰)으로 전해지는 『女論語』, 명(明)의 인효문황후(仁孝文皇后)의 찬(撰)으로 전해지는 『內訓』, 명(明)의 주천주(朱

---

31) 李時鎔, "朝鮮朝 士大夫의 閨房敎育", (인천교대논문집 11), p.40.
32) 『閨中要覽』, 『士小節』.
33) 『閨中要覽』.
34) 安東 金氏, 『內訓 女戒書』.

天珠)의 찬(撰)으로 전해지는 『女範』, 전한(前漢)의 류향(劉向)의 찬(撰)으로 전해지는 『明鑑』, 『小學』 등 모두가 한문으로 되어 있어 문자교육(文字敎育)을 제대로 받지 못한 여성들로서 이를 이해하기 힘들었다.

이에 성종(成宗)의 모후(母后)인 소혜왕후(昭惠王后)가 여성들이 읽을 국문 교양서적이 없어 무지함을 면치 못하고 있음을 안타까이 여겨 중국의 서책인 『烈女傳』, 『小學』, 『女敎』, 『明鑑』 등 네 가지 책을 여자의 행신(行身)에 알맞은 대문만 취하여 성종 을미(乙未, 1475)에 간행한 책이다.[35] 먼저 한자에 한글로 현토하여 엮은 다음 이어 한글로 국역을 부쳐 『內訓書』를 내놓게 되었다. 우리나라 최초의 국역 내훈서이다.

중기 이후의 여성교훈서로는 퇴계(退溪) 이황(李滉)의 저(著)로 전해오는 『閨中要覽』[36], 우암(尤庵) 송시열(宋詩烈)의 『戒女書』[37],

---

35) 전체는 3권 7장으로 되어 있는데, 그 요목은 言行章 第一, 孝親章 第二, 婚禮章 第三, 夫婦章 第四, 母儀章 第五, 敦睦章 第六, 廉儉章 第七이다. 여기서 언행장(言行章)이란 언어는 물론 행신(行身)의 전반적인 내용을 두루 포괄하고 있으며, 효친장(孝親章) 역시 사부모(事父母), 사구고(事舅姑)의 일을 두루 포괄한 것이다. 혼례장(婚禮章)에서는 딸을 출가시키고 며느리를 얻는 안전한 방도를 가르치고, 부부장(夫婦章)에서는 남편섬기는 도리를 가르치며, 모의장(母儀章)에서는 자녀 기르는 도리를 가르친다. 돈목장(敦睦章)에서는 일가친척과 화목 하는 길을 가르치고 염검장(廉儉章)에서는 아껴 살림살이하는 도리를 가르친 것이다.

36) 本書는 退溪 李滉의 著述로 전해 오는 조선시대 女性敎訓書로서 순수 한글로 된 筆寫本 一冊으로, 현재 국립중앙도서관에 소장되어 있다. 本書의 體裁는 세로 29.5cm×19.5cm 크기의 25張 兩面 總 50面으로 작성되어 있으며 紙質은 楮紙이다.

37) 本書의 특색은 他 여성교훈서와는 달리 중국의 故事를 인용함이 거의 없고 또 漢字語의 사용도 극히 적은 국문으로서 好言의 文章을 이루고 있다. 筆寫本 一冊으로 현재 국립중앙도서관에 소장되어 있다. 세로 23cm×가로 21.5cm 크기의 13張 兩面 總 26면으로 작성되어 있으며 紙質은 楮紙이다.

아정(雅亭) 이덕무(李德懋)의 『士小節』38), 이덕수(李德壽)가 국역합본한 『女四書』39), 해평 윤씨(海平 尹氏)의 『閨範』과 안동 김씨(安東金氏)의 『內訓 女戒書』 등이 있다.

그 내용을 살펴보면 『閨中要覽』은 『小學』, 『詩經』, 『論語』, 『春秋』 및 중국고사(中國故事)를 인용하여 사대부가의 부녀자로서의 지켜야 할 윤리도덕을 비롯 언어 행동거지 형제와 친척 간의 화목, 친환간호(親患看護), 접빈(接賓) 등 일상생활의 범절과 음식의 간을 맞추는 법에 이르기까지 국문으로 작성된 여성 교훈서로 일상의 행신범절에 관한 내용이며, 아정(雅亭)의 『士小節』은 청장관전서(靑莊館全書) 권(卷) 27~31에 수록된 것으로 부녀(婦女)의 일상생활을 세밀하게 분석하여 교훈하고 있다.

『女四書』는 여성을 위한 교양서적으로 중국의 『女戒』, 『女論語』, 『內訓』, 『女範』 등 네 가지 책을 한글로 현토한 다음 한글로 국역한 교훈서이다.

해평(海平) 윤씨(尹氏)의 『規範』은 『小學』을 중심으로 논어(論語), 맹자(孟子), 시전(詩傳), 중용(中庸) 등에서 성현(聖賢)의 말씀을 인용하여 풀어쓰고 사기(史記)와 우리나라의 명현(名賢)의 일화(逸話)를 국문으로 적은 여성 교훈서이다.

안동김씨의 『內訓 女戒書』는 주양(周易), 소학(小學), 시경(詩經)을 인용 국문으로 작성된 여성 교훈서로 타 내훈서와는 다라리 편별(編別)이 없고 줄글로 부의(婦儀) 효행(孝行) 남편 섬기는 도리 돈목(敦睦) 봉제사(奉祭祀) 접빈객(接賓客) 자녀교육(子女敎育), 행

---

38) 현재 서울대 규장각에 소장되어 있으며, 크기는 세로 21.4cm×가로 14.9cm이다.
39) 중국 후한 조대가(曹大家) 반소(班昭)의 여계(女誡)와 당 송약소(宋若昭)의 여논어(女論語), 명의 인효문황후(仁孝文皇后)의 내훈, 그리고 명의 왕절부(王節婦)의 여범(女範)등 네 가지 책을 함께 모아 언해한 것으로, 英祖의 어제서문(御製序文)이 붙어 있다.

동거지(行動擧止)에 대한 도리를 가르치고 있어 여성에게는 심오한 학문 연구보다는 내방(內房)에서 쇄소응대(灑掃應對), 방적(紡績), 재봉(裁縫), 요리(料理)와 자녀교육이 그 생활의 전부인양 인정되었고, 내외법이 강화되고부터는 일반사회와 두절되어 가정만이 유일한 활동무대가 됨에 따라 여성은 지적(知的)인 교육보다는 유교정신에 입각한 덕목과 가사기술을 익히는 등 남성과는 달리 생활교육에 치중했다.40)

전통적인 유교사회에서는 남녀의 역할과 생활의 장을 엄격히 규제하고 여성의 깊은 학문에 대한 연구는 부도(婦道)에 어긋나는 일로 여겼다.

내훈서에 의하면 여성교육의 목표를 남성과는 달리 가정생활에 국한시켜 부부(夫婦) 효친(孝親) 모의(母儀) 부의(婦儀) 돈목(敦睦) 근면(勤勉) 검소(儉素)에 두고 현모양처(賢母良妻)의 교육적 인간상을 그리면서 정숙하며 정렬(貞烈)적인 여성의 마음가짐과 몸가짐을 닦고 가사기술을 익히고 근검절약하며 경순인종(敬順忍從)하는 아내, 효친하는 며느리로서의 도리와 자녀교육에 대한 몸가짐과 태도에 이르기까지 유교정신에 맞는 도덕규범을 습득시키고자 하여 부덕(婦德), 부언(婦言), 부용(婦容), 부공(婦功) 등 사행(四行)에 힘쓸 것을 강조하고 있다.41)

내훈서에서 말하고 있는 부덕(婦德)이란 곧(正)고 굳(固)고 정(貞)함과 절개(節介)에 있는 것이고, 부언(婦言)은 여자의 말씨와 감정의 표현에, 부용(婦容)은 안에 닦아둔 교양이 밖으로 들어 나는데, 부공(婦功)은 여자의 임무를 밝힌 것42)으로 여성교육의 목

---

40) 李時銛, 前揭書, p.42.
41) 昭惠王后, 『內訓』, 卷第一, 言行章 第一.
　　 李德壽, 『女四書』, 卷之一, 婦行章 第一.
42) 孫仁銖, 『韓國女性敎育史』 (서울: 延世大學校 出版部, 1977), pp.63~64.

표는 유교정신에 입각한 현모양처의 이상적 인간상을 그리면서 정숙(貞淑), 정렬(貞烈), 가사기술, 근검절약, 효친하는 며느리 경순인종(敬順忍從) 하는 아내의 도리와 자녀교육에 대한 몸가짐과 태도 등에 이르기까지 유교정신에 입각한 도덕규범을 습득시키는 데 두었다.

조선시대는 가내생활(家內生産)과 소비의 경제체제에서 벗어나지 못하고 있어 침선(針線), 방적(紡績), 잠직(蠶織)과 음식(飮食) 만드는 일은 사대부의 가정으로부터 상민에 이르기까지 누구나 여성이면 습득할 것을 요구하고 있다.

소혜왕후(昭惠王后)의 『內訓』과 『女四書』에는 "길쌈에 전심하여 주식을 깨끗하게 만들어 奉賓을 잘하는 것이 婦功"[43]이라 하고 근려장(勤勵章)과 절검장(節儉章)을 두어 가르치고 있다.

퇴계(退溪)의 『閨中要覽』은 "몸을 부지런히 하며", "늦게 자고 일찍 일어날지니"라고 당부하고 "음식지정은 부인의 직업이라 구고(舅姑)를 봉양하고 제사를 받들며 인객을 접대하여 공경과 화락을 이룰지니", "방적을 부지런히 하고 재물을 절용하라"[44].

우암(尤庵)의 『戒女書』는 "옛글에 이르되 부인 규중에 있으나 알 일 잇스니 손이 오매 음식을 보고 지아비 나가매 의복을 본다 하였으니 어찌 살피지 아니하랴" 아정(雅亭)의 『士小節』은 "후세에 있어서 보모(保姆)의 가르침(傳母之訓)이라는 것은 없다고 하지만 여자의 태도가 의젓하고 부드러운 것이라든지 쇄소응대(灑掃應對), 방적(紡績), 재봉(裁縫)과 음식(飮食) 만드는 것은 모두 어머니의 가르침에 달려있다…… 이러고 어머니의 직책이 얼마나 중요한지 모르겠다", "방적(紡績)을 함에 있어서는 부지런히 할

---

43) 昭惠王后, 『內訓』, 卷第一, 言行章 第一.
   李德壽, 『女事書』, 卷之三, 勤勵章 第五.
44) 李滉, 閨中要覽: 재인용 申貞淑, "韓國의 전통사회의 內訓에 對하여", 『국어국문학47』 서울: 국어국문학회, 1970), p.113.

것이요, 재물을 쓰는데 있어서는 검소해야 한다."[45]라고 가르치고 있어 가사기술과 함께 근면하고 검소한 생활태도를 가르쳤다.

따라서 이시대의 여성교육은 가정(家庭)을 중심으로 지육(智育)보다는 가사기술(家事技術)과 유교정신(儒敎精神)에 입각한 덕육(德育)이 강조되었음을 살필 수 있다. 몸매를 단정히 하고 깨끗이 가지며, 불평 불만하지 않고 열심히 침선방적에 종사하는 것이 그들의 할 일이었다.[46] 이것을 부인의 4덕이라 하여 찬양해 왔으니 부덕(婦德), 부언(婦言), 부용(婦容), 부공(婦功)이 다 그러한 것이다. 이러한 환경 속에서 많은 시간을 여성들은 침선을 통하여 부덕(婦德)을 닦는 교양으로서, 또는 가정생활과 수복(壽福), 부귀(富貴), 다남(多男) 등의 생활염원 등을 기원하고자 했던 것이다.

제2절 조선시대 여성의 생활상

1. 사회적 위치

1) '남존여비(男尊女卑)', '여필종부(女必從夫)' 사상

송학(宋學)의 유입으로 고려말기부터 차츰 저하되기 시작한 여성의 지위는 조선에 들어와서 완전히 제도적으로 묶이게 되었다. 그 근본을 이루는 것이 「男尊女卑」와 「三從」의 악법(惡法)이다. 옛부터 "아들을 낳으면 상(床)위에 누이고 구슬을 주어 놀게 하고, 딸을 낳으면 상(床) 아래 누여서 실패를 가지고 놀게 한다"

---

45) 李德懋, 『靑莊館全書』, 卷之三十 士小節 下 婦儀(서울대학교, 古典叢書 第二輯, 1966).
46) 김종택, 『조선의 여인』 (서울: 문화출판사, 1984), p.180.

했듯이 다 같은 혈육이건만 남녀는 태어남과 동시에 귀천이 갈라져서 차별대우를 받게 되었던 것이다. 이것이 한 가정 내에서 「夫乃天」의 사상으로 연장되는 것이며, 남편을 「所天」이라 부르고 「손님같이 공손히 받드는」 것이 사부(事夫)의 도리였다.47)

이렇듯 조선사회에서 부부관계란 평등한 관계가 아닌 '주종(主從)'관계였다. 부부관계는 애정에 기초한 인간관계보다는 너무 가까워도 안 되는 '부부유별(夫婦有別)'의 원칙이 적용되었다. 또한 '여필종부(女必從夫)'의 유교윤리는 "여자의 음성이 중문 밖을 나가면 그 집이 망하느니", "암탉이 울면 망하느니" 하는 타부로서 사대부들에 의해 합리화 되었다.

또한 남편이 죽었을 경우 자식이 아버지를 대하는 것과 같이 그 아내는 「참최삼년(斬衰三年)」의 부상을 치루어야 했으며, 아내의 남편에 대한 범죄도 자식이나 노비가 부모나 주인에게 한 범죄와 동일하게 중죄로 다루도록 되어 있었다. 남편뿐만이 아니다. '삼종지도(三從之道)'라 하여 여자는 결혼 전에는 아버지를, 결혼 후에는 남편을 그리고 남편이 사망한 후에는 아들을 따라야 한다고 했으니, 여자는 오직 순종만이 전부요, 그것이 미덕이라는 것이다. 이렇듯 여성은 남성의 절대적인 종속관계에 있을 때만 비로소 사회적 존재로 인식될 수 있음을 의미하는 것이었다.

이런 까닭으로 반상을 막론하고 「內主張」은 금물이고 그저 순종만이 능사(能事)였으니 「以順爲正者 妾婦之道也」라 하여 순하기만 하면 된다고 여자 이름에는 甲順, 金順, 福順, 貞順, 順伊 등으로 모두 순(順) 자(字)가 들어갔으며, 삼종지도(三從之道)만이 강조되었다.

또한 처(妻)를 '인애' 또는 '안해'라고도 하는데 이것은 본래 '안'을 표시하는 말로 부녀(婦女)가 집안의 사람 규방(閨房)의 사람이

47) 亞細亞女性問題研究所(金用淑), 前揭書, p.72.

라고 하는 관념으로 온 것도 '처(妻)'의 집과 관련이 있는 것을 표시하는 것이라고 하겠다. 때로는 '안애'를 점잖게 表言하여서 '안사람' 또는 '안의 사람'이라고 하는 것을 보아도 명백하다. 이에 대하여 '부(夫)'를 '사랑 양반'이라고 하는 것은 사랑양반의 표음어(表音語)로 집의 '외방(外房)' 또는 '객방(客房)'의 사람이라고 본 것으로부터 불리운 말이다.48) 그리하여 여자는 일생 중문 안에 갇히어 바깥세상을 모르고 조상을 받들고, 시부모를 섬기로, 남편을 받들고, 아이를 기르며, 시가형제들 간의 우애와 노복(奴僕)을 거느리고 손님을 대접하는 일이 그 맡은 바 사명이었다.49)

2) 정조관념(貞操觀念)

조선사회에서 여성의 지배는 특히 정조관념을 중심으로 이루어졌으며 여성의 정절은 가족과 가문전체의 안녕(安寧)에 영향을 줄 정도로 중시되었고, 또한 철저한 남녀 내외법을 인정했다. 이는 양반여성에게는 절대적인 도덕률로써 이들의 사회화 과정 속에서 철저히 주입되었다. 때문에 조선시대에는 이혼은 매우 엄격하게 다스려졌으며 이혼에 있어서는 '칠거지악(七去之惡)'에 해당하는 경우에만 일방적인 이혼이 가능한 것으로 인정되었다. 특히 국법에서는 사대부 이상의 사회신분에서는 이혼을 원칙적으로 인정하지 않고 있었으며, 만일 이혼이 전혀 불가능한 경우에는 소박이라 하여 남편이 일방적으로 처를 버렸다. 그리고 그 당시 국가에서는 유교이념을 확산시키기 위해 상민, 천민 중에서도 정절을 지키는 자는 열녀로서 표창50)을 했고, 이는 그들에게 있어서 하나의 생활

---

48) 亞細亞女性問題硏究所(丁堯燮), 『李朝女性硏究－李朝時代에 있어서의 女性의 社會的 位置－』, p.177.
49) 上揭書, p.72.
50) 세종 16년 유신에 명하여 古今의 忠臣, 孝子, 烈女로 그 행실이 뛰

수단51)이 될 수도 있었다. 이리하여 세월이 흐를수록 여자는 반드시 수절해야 한다는 女必從一의 명분은 부동의 철칙으로 민간에 침투되어 갔다.

이와 같이 자유결혼과 재가를 용납지 않았던 보다 근본적인 원인은 양반신분의 사회계층을 문란케 하지 않으려는 데 있었던 것으로 생각된다. 결국 조선시대에 있어서 여성의 지위가 낮아질 수 있게 된 요인은 신분을 중시하는 양반관료국가의 정치제도가 보다 더 크게 작용했던 것으로 볼 수 있다. 결혼하면 친정에서는 출가외인이 되고 결혼관계가 한쪽이 사망으로 깨어졌다고 해도 부인이 다시 친정으로 돌아갈 수는 없었다. '죽어도 시집 귀신된다'라는 말도 있듯이 한 번 시집간 여자는 영원히 시집의 사람으로 남을 것을 요구받았던 것이다. 여성이 자신의 모든 욕망을 억제하고 시집살이를 견디어나갈 것인지에만 관심을 기울여왔던 당시의 사회적 조건은 '칠거지악'이라는 처벌의 조항에서도 잘 나타나있다.

가부장적 사회에서의 여성은 '효녀'나 '효부'는 '열부'로서 존재하기를 강요당했으며, 어려운 시집살이를 이겨나가야 했던 만큼 성취적이고 강한 인성을 지니게 되었다. 여성들은 대부분 이름이 없고 별명을 가지고 있었으며, 나이 먹은 친척이나 집안 식구들이 그들이 어렸을 때만 이름대신 별명을 불러주었다. 여자들이 시집

─────────

어나 모범 될만한 행적을 골라 삼강행실(三綱行實)을 편찬시켰으며 무식한 자들을 위하여 한글로 이를 번역하고 그림을 붙여 전국의 訓長父老들로 하여금 부녀와 어린이들에게 가르치게 하고 또 열녀, 효자들을 매년 뽑아 禮曹에 보고케 하여 상을 주고 그중에서도 卓異한 자에게는 旌門을 내려 표창하였다. 열녀의 경우는 이른바 열녀문을 내린다. 중국에서는 節婦면 貞節之門을 내리는데, 節婦란 종신 수질한 사이고 特異한 행위를 한 烈婦에게는 貞烈之門을 내리나 우리나라에서는 貞節, 貞烈의 구별 없이 烈女門을 내렸다.

51) 열녀문이 내려지면 물론 가문의 명예이며 여러 가지 특전이 따른다. 이를테면 모든 雜賦를 면제 해주며 또는 復戶米를 지급하는 復戶의 특전이 있었다.

간 뒤에는 출가한 마을의 이름을 부르고 때로는 남편의 성에 따라 아무개 댁, 아들이 있으면 아무개 어머니라고 불렀다. 이처럼 조선시대에는 여성의 인권이 보잘 것 없는 위치에 있었으며, 1909년 민적법이 제정되기까지 이름이 없었다. 족보에서도 딸은 그 이름을 기록하지 않았으며, 그 남편의 이름만을 기록하였다. 그것은 여자는 시집가면 친정과는 일단 결별한다는 출가외인의 의미와 함께, 시집가면 남편에 종속하는 존재이며 독립적인 개체로서 인정받을 수 없었음을 의미한다. 이러한 사회에서는 '효'를 강조하면서 여성에게도 언젠가는 어머니로서 보상을 받게 되며, 남편 집안의 당당한 조상이 된다는 확신을 갖게 하여 가부장적 체제에 자발적으로 충성을 하도록 하였다. 특히 '조강지처(糟糠之妻)'로서의 자부심은 여성들이 적극적으로 수용해간 것으로 보인다.52)

3) 내외법(內外法)

조선사회의 상류계급에서는 남자와 여자는 칠세부터 자리를 같이 하지 않는 것이 예의로 되어 있다. 여자는 이미 십 세가 되면 남자처럼 나다니지 말아야 하며53) 남자가 길의 우측(右側)을 보행(步行)하면 여자는 길의 좌측(左側)을 보행하여야 한다.54) 이 연령에 달하면 남아(男兒)는 남자가 거주(居住)하는 사랑(舍廊)에 있게 되어 그들이 놀고 공부하고 침식(寢食)하는 것은 여기서 하지 않으면 안 된다. 남자가 여자의 방에 들어가는 것은 수치(羞恥)라고 반복하여 가르침으로 드디어는 그들 남아(男兒)들도 여자의 방에 들어가기를 거절(拒絶)한다. 젊은 처녀들은 반대로 내실에 묻히어 있어 거기서 교양을 받게 되고 거기서 독서를 연습(練習)하지 않

---

52) 태평양 장학문화재단, 『태평양 여대생 논문집 제1집('95~'97)』, p.591.
53) 『小學』, 入敎 第一, 「女子 十年 不出」.
54) 『小學』, 明倫 第二 禮記 內則, 「道路男子 由右 女子 由左」.

으면 안 된다. 벌써 남자형제와 놀아서는 아니 되고 남자에게 보이도록 하는 것은 예법(禮法)에 어긋나는 행동이라고 가르치므로 여자들 자신이 숨으려고 한다. 또한 남자옷과 여자옷을 옷홰나 시렁에다 같이 걸어서도 안 되며 수건과 빗을 함께 사용하여서도 아니 되며 남자의 상자 속에 여자의 옷을 넣어도 아니 된다. 이와 같은 격리생활은 비교적 엄격히 실행되고 있었으며55) 가옥구조 또한 안방, 사랑방으로 구별되어 '男不言內'하고 '女不言外'라 하여 내외 지별이 엄하였으며, 문밖출입도 엄격히 제한되었다. 특히 양반부녀의 외출은 극단으로 제한되어 있었으며56), 외출 시에는 쓰개치마로 얼굴을 가리었으며 일체 외부와 절연(絶緣)하고 내방(內房)을 세계로 살았으며 추운 마루방(板房)에서 밤늦게까지 어두운 등불 아래서 침선(針線)일이나 하는 것이 생활이었다.

조선시대 반가(班家)의 주택을 보면 대문과 중문(안채로 통하는 문)이 약간 비껴서 있는 것을 알 수 있는데 이는 객이나 외부인의 출입 시 안채를 시각적으로 차단하기 위함이었다.57) 대문채가 있는 바깥마당을 지나 중문을 열고 들어가면 대부분 사랑마당과 사랑채에 도달하게 된 다. 이곳은 가장이 거처하는 곳으로서 여자들이 사용하는 안채와도 구별되어 있다. 이렇게 남자와 여자의 생활공간을 분리하는 것은 유교의 가르침에 의한 것이었다. 즉, 남자와 여자의 구별이 뚜렷하여 일곱 살이 되면 자리를 같이할 수 없었고(男女七歲不同席), 음식을 같이 먹을 수 없었으며(男女不共食), 심지어 부부가 서로 다른 방에서 잘 것을 국가에서 명령하기까지 하였다.(夫婦別寢). 소위 '내외(內外)'라는 유교적 윤리가 남녀의 생활영역을 분리시켰던 것이다.

---

55) 亞細亞女性問題研究所(丁堯燮), 前揭書, p.178.
56) 『經國大典』, 刑典禁制條.
57) 한국 전통건축의 공간구성-주거, 마을, 도시환경의 상징적 해석-, 『PLUS 3월호』, 1990.

여자들의 생활공간으로 사용되는 안채는 대문에서 가장 먼 쪽에 자리 잡아 외부사람이 쉽게 접근 하지 못하도록 막았는데, 일반적으로 'ㅁ'자 모양이나 'ㄷ'자 모양을 하여 폐쇄적인 형태를 하고 있었다. 이것은 여자는 주거 안에서 살림을 맡아 하고 바깥출입을 삼가야 한다는 유교사회의 원리와 관계가 있었다. 이렇듯 조선시대 후기로 오면서 유교윤리가 일반화되면서 여성의 사회활동은 폐쇄적이었으며, 사회적 지위는 저하되었다. 따라서 여성들의 직책(職責)은 주로 가정에서 육아(育兒), 침선(針線), 세탁(洗濯), 취사와 방적(紡績), 봉제사(奉祭祀)하는 것이었다.

2. 경제적 위치

1) 경제적 관념

조선시대는 중농주의와 상공업 억제를 기본정책으로 삼았기 때문에 초기에는 민간수공업이 발달하지 못하였다. 그 결과 농민층은 식량생산을 주업으로 하였고, 수공업은 부업으로 영위하게 되어 의료(衣料)의 생산에 치중하였다. 따라서 의료생산에 관계된 직조, 염색 등의 직물공예는 주로 여성이 담당했고, 여공(女工)을 적극 권장하여 생산의욕을 높이고 일반여성이 갖추어야 할 필수적인 덕목임을 강조하였다.58) 중기 이후에도 여전히 家內生産과 消費 및 물물교환의 自然經濟가 광범하게 지배되면서 한편으로는 貨幣經濟가 경제생활의 일면을 담당하고 점차 그 범위를 확대해 가던 시기다.59)

---

58) 한국정신문화연구원, 『한국민족문화대백과사전』 (서울: 웅진출판사, 1991).
59) 李時鏞, 前揭書, p.53.

사실상 옛 대가족제도에서 주부의 수고는 오늘날의 사람들은 상상도 못할 고된 것이었다. 여기에 의복을 짓고 버선을 깁는 일뿐만 아니라 무명 짜기와 때로는 명주 짜기까지도 부녀들의 소임이었다. 식구가 입고 또 때로는 명주 같은 것을 팔아 경제수단을 삼기도 했으니 주부의 근면이 그 집 성쇠에 직결되었음은 당연한 이야기가 아닐 수 없다.[60]

　부녀자들 특히 농촌 부녀자들의 길쌈 솜씨는 예로부터 유명하여 이능화의 『朝鮮女俗考』[61]에서는 '우리 조선은 자고로 여자가 남자보다 일을 더 많이 하였다. 우리나라에서 산출되는 명주, 베, 모시, 무명 등의 옷감 중 여인의 손을 거치지 않고 된 것은 하나도 없다'라고 하였다(【그림 1】, 【그림 2】).

【그림 1】 실잣기(김홍도 그림)

소장: 국립중앙박물관
출처: 유희경, 『한국복식사연구』슬라이드 515번.

60) 金用淑, 『韓國女俗史』(서울: 민음사, 1990), p.104.
61) 李能和, 前揭書, p.122.

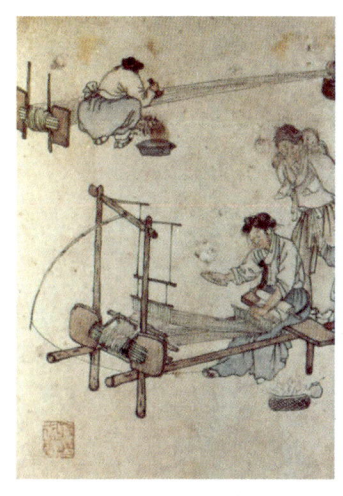

【그림 2】길쌈(김홍도 그림)

소장: 국립중앙박물관

출처: 유희경, 『한국복식사연구』슬라이드 516번.

이처럼 길쌈은 모두 농촌 부녀자들의 전담 작업이 되었으며 대체로 농가의 자가 수요를 위한 농업연장적인 생산체제였다.

조선시대 직조(織造)는 단순한 길쌈(【그림 2】)으로 옷을 지어 입는다는 자급자족의 의미만이 아니라 국가의 세금으로 납부되거나 또는 화폐역할을 하는 직물을 만드는 일로서 중요했다. 국가에서는 '권농상(勸農桑)'이라고 하여 직조업이 함께 강조되고 있는 것을 볼 수 있다. 즉 삼베나 무명은 쌀과 마찬가지로 국가의 중요한 재원이었고 또한 화폐로서의 기능도 있었다. 이러한 직물은 여성의 손을 거치지 않고 생산될 수 없는 것이었고, 그런 만큼 직조업을 여성들의 생산노동 중 가장 대표적인 것으로서, 생산물의 상품화 등으로 국가적인 기여에서도 여성만이 고유한 영역이라고 할 수 있을 것이다.[62]

또한 그 당시 염료나 옷감을 구하기 어려운 데나 값이 비싸서 의복 등을 만들고 남은 조각천을 모아 두었다가 하나의 생활용품으로 사용하고 실용적으로 발달시켜 물자의 궁핍과 바쁜 생활 속

---

[62] 한국고문서학회, 『조선시대 생활사』(서울: 역사비평사, 1996), p.122.

에서 옛 조상들은 검박(儉薄)을 생활신조로 삼았던 걸 볼 수 있다. 이와 같은 풍조에서 검박(儉薄)은 근면과 더불어 국소민빈(國小民貧)의 조선시대 여성들에게는 하나의 생활철학이었으며, 국가경제에 기여했다고 볼 수 있다.

2) 재산상속(財産相續)

조선 초기부터 1600년대 중엽까지는 철저하게 남녀구별 없이 그리고 장차(長次)의 구별 없이 균등하게 분배되나 1600년대 중엽부터는 '男子均等女子差別', '長男優待女子差別' 또는 '長男優待其他均分'과 같은 신분에 따른 차등 상속이 급속히 증가하고 1700년대부터는 이 경향이 더욱 일반화 하는 것 같다.

1900년대 초기에 실제 조사한 가족상속제도를 볼 것 같으면 長次나 男女의 差가 엄격한 것이 일반적이었다. 이러한 장남우대 남녀차별의 분재(分財)현상은 다시 말하면 1600년대 중엽부터 점차로 증가하게 되고 그 후 시일이 경과함과 아울러 더욱 일반화한 것으로 보인다. 그리하여 1800년대 중엽내지 말엽까지는 대개의 가족은 이러한 분급(分給)을 한 것으로 추측된다.[63]

이 재산상속은 조선왕조의 기본법전인 경국대전에 상세한 규정이 있다. 즉 『經國大典』의 재산분배 조항에서 서얼차대(庶孼差待)의 특징은 두드러지게 나타나나 아들, 딸 간에는 균등분배를 행하도록 명시되어 있다(經國大典 卷5, 刑典 私賤條). 이것은 조선 초기 사회의 재산상속 문제에서 남성과 여성은 동등한 권리를 가지고 있음을 보여준다.[64] 남자와 여자에게 균분하여 재산을 상속하

---

63) 崔在錫, 『조선시대의 상속세에 관한 연구-分財記의 分析에 依한 접근-』, 1972, p.6.
64) 한국고문서학회, 前揭書, p.113.

게 하였던 이러한 제도는 우리나라만이 특유한 제도였다.[65]

이렇듯 조선 초기 여성의 재산상속권이 인정되었던 이유는 우리나라 고유의 혼속(婚俗)인 '男歸女第' 즉 혼인을 하면 남편이 아내의 집에 기거하는 풍속으로 여성 측의 경제적 조건이 크게 고려될 수밖에 없었기 때문이라고 보는 견해가 있다. 따라서 조선중기 이후는 여자의 재산상속 몫이 거의 고려되지 않고 있는데 이것은 반친영 즉 '男歸女第'와 친영을 절충한 혼속이 점차 일반화되면서 여성의 경제적 부담이 경감되는데 연유되는 것이 아닌가 하는 의견이 있다.[66] 또한 조선 초기만 해도 아들이 없는 경우 부모의 제사를 딸이 주관하거나 외손이 담당하는 경우가 많았으나, 조선 후기에 이르면 아들에 의해서만 계승되어야 한다는 의식이 강하여 아들이 없으면 거의 예외 없이 양자를 들이도록 했다. 이러한 사실로 볼 때 여성의 재산상속권 위축은 유교적인 윤리규범의 토착화에 따라 재산권이 남성에게 독점적으로 귀속됨으로서 결과 되었다고 할 수 있을 것이다.[67]

이와 같이 조선시대 여성들은 자급자족의 경제체제에서 침선과 방적, 길쌈으로 국가 경제에 큰 기여를 했으며, 또한 조선 초기까지만 해도 여성의 재산상속권과 제사 참여가 인정되어 경제적 지위는 남성과 여성이 동등했다는 것을 알 수 있다. 그러나 조선 후기로 오면서 여성의 경제적 지위는 유교윤리의 일반화로 인해 저하되었음을 알 수 있다.

---

65) 崔在錫, 『한국문화사대계: 풍속, 예술사편』(서울: 고대 민족문화연구소, 1970), p.510.
66) 金一美, "조선 초기의 남녀균등 상속제에 대하여", (梨大史苑 8輯, 1969), p.428.
67) 한국고문서학회, 前揭書, p.116.

제3장 침선(針線)

본 장에서는 침선에 필요한 침선도구와 침선소품의 종류와 용도를 고찰하였으며, 또한 침선소품류에 나타난 색상과 문양의 상징성을 살펴보았다.

과거 침선은 실용적인 목적에서 발생되었으며, 직물의 발달과 더불어 그 길을 함께 걸어왔다고 추정된다. 침선의 발생을 살펴보면 짐승의 뼈 등으로 만든 바늘로써 옷을 해 입는 등의 원시적 단계에서 시작되었다고 볼 수 있다. 이렇게 볼 때 침선은 복식과 그 기원을 같이 한다고 할 수 있으며 문명의 발달에 따라 복식에 필요한 장신구나 생활용품, 장식품 등에까지 여러 분야에 그 영향을 미치고 있다.[68]

우리나라에서 발견된 가장 오래된 바느질 관련 유물은 신석기시대유적에서 발견된 바늘과 가락바퀴(紡錘車)이다. 그리고 2600년 이전의 유물로 추정되는 직물의 파편과 실이 꿰어진 바늘이 발굴되어[69] 그 이전부터 바느질이 행해졌다는 것을 알 수 있다. 삼국시대에 이미 상당한 수준의 침선양식이 고구려벽화에 나타나며, 신라 선덕왕 3년(634)에 세운 분황사 석탑에서는 금속제 바늘과 침통 및 가위가 출토되었으며, 고려에 이르면 귀금속의 품귀 등으로 인하여 통일신라시대의 것과 같은 금, 은제의 바늘이나 바늘통은 거의 자취를 감추게 된다. 그러나 도금(鍍金), 문양(紋樣)의 선각 누금세공(縷金細工) 등의 다양한 기법이 등장하여 재료상

---

68) 石宙善, 『韓國服飾史』 (서울: 寶晋齊, 1971), p.1.
69) 중요무형문화재 제89호, 『침선장』 (서울: 국립문화재연구소, 1998), p.7.

의 빈곤을 보충해주고 있다. 이처럼 삼국시대에 완성되어 고려시대에 이르러 기법상의 다양성을 보인 금속제 바늘도구는 그대로 조선조로 이어졌다. 또한 버들고리는 고려를 거치는 동안 겉면에 기름종이를 발라 실용상의 발전을 가져온다.[70]

동·서양을 막론하고 과거에는 바느질(針線)이란 여성들이 하는 것이 통념이었다. 특히 우리나라 조선시대는 유교정책으로 말미암아 남녀칠세부동석(男女七歲不同席)이 가르치듯이 내외법(內外法)이 심하였고 여인의 외출이 금지되다시피 하였기 때문에 일상생활을 거의 집안에서 보냈으며 그 까닭에 여인들은 조용히 안방에 들어 앉아 바느질을 익히는 한편 골무, 바늘꽂이, 주머니 등의 소품에서부터 의복, 병풍의 대작(大作)에 이르기까지 반실용(半實用), 반오락(半娛樂)으로 바느질을 익혔다. 또한 궁중에는 따로 繡房이 있어 왕실의 衣帶, 장식품, 침구 등 수놓아야 할 일을 처리하였는데, 繡房에는 7~8세가 된 양가의 딸을 뽑아 尙宮의 지도를 받게 하여 수련을 쌓게 하면서 그 기능이 숙련되어 마침내 왕의 衣帶나 王妃의 衣襨를 다루게 될 때는 逸針으로 행세하게 되었다고 한다.[71]

조선 영조(英祖) 때 『여사서언해(女四書諺解)』에는 "아들을 낳으면 상 위에 누이고 구슬을 주어 놀게 하고, 딸을 낳으면 상 아래 누여서 실패를 가지고 놀게 한다"고 하였으며, 성종 3년(1472)에 소혜왕후(昭惠王后: 한씨)가 쓴 『내훈(內訓)』에는 여자가 지켜야 하는 것 중에는 "열 살이 되면 여자는 실과 골풀[72]을 다스리

---

70) 조효순, 『한국복식풍속사연구』 (서울: 일지사, 1988), p.80.
71) 유희경, 『한국복식사연구』 (서울: 이화여자대학교 출판부, 1975), p.517.
72) 이기문 감수, 前揭書, p.213.
　　　골풀과의 다년초. 들의 물가나 습지에 나는데, 줄기는 25~100m로 긴 송곳처럼 밋밋함. 5~7월에 녹갈색 꽃이 피고, 세모진 열매는 갈색으로 익음. 줄기는 돗자리의 재료로 쓰임.

며 베와 비단을 짜고 곱고 가는 끈이나 굵은 실을 꼬며 여자의 일을 배워서 의복을 만들어 바치게 한다"고 하였다.[73] 따라서 여아(女兒) 나이 10세 전후가 되면 바늘을 잡기 시작했으며 비록 사가(私家)에는 침모(針母)가 바느질을 전담하고, 궁중에는 침방(針房)이라 하여 바느질을 하지만 모든 여인들의 일상생활의 중요한 부분이었다.[74]

또한 『계녀서(戒女書)』에서는 남편의 의복을 통해 그 부인의 됨됨이를 알 수 있다고 했으며, 『조선재봉전서(朝鮮裁縫全書)[75]에서는 의복의 중요성을 들어 여성의 바느질을 권장하고 있다. 그런가 하면 『규합총서(閨閤叢書)』에는 바느질과 길쌈, 수놓기, 누에치기, 옷 만드는 법, 물들이는 법, 다듬질 하는 법, 빨래 하는 법 등을 기록하고 있어 바느질법이 보편화되어 있음을 알 수 있다.

침선은 바늘과 실 곧, 바느질하는 행위로써 바느질의 종류와 방법이 조선조에 있었음은 조선조 후기의 고서인 『弔針文(조침문)』에서도 잘 알 수 있다.

"…… 누비며, 호며, 감치며, 박으며, 공그릴 때에 겹실을 꿰었으니 봉미를 두르는 땀땀이 떠 갈 적에 수미가 상응하고 솔솔이 붙여 내매 조화가 무궁하다……"[76]라는 구절에서도 보이듯이 침선은 생활 속에 생겨나와 생활과 함께 하는 것으로 인간의 미의식을 실용화시키면서 그 시대의 정치체제, 경제상태, 사회조직, 예술양식, 종교관념 속에서 인간의 생활감정에 기여한 문화사의 중요한 요소이다.

---

73) 국립민속박물관, 『한국복식2천년』, (서울: 도서출판 신유, 1997), p.286.
74) 김문옥, "조선시대의 실패에 관한 연구", (석사학위논문, 숙명여자대학교 대학원), p.5.
75) 김숙당, 『조선재봉전서』(서울: 활문사, 1924).
　　序頭, 李王妃殿下御筆, "廣히 女功을 勸獎ᄒ노라."
76) 조효순, 前揭書, p.104.

【그림 3】 바느질(조영석의 사제첩에 수록)
출처: 『침선장』 (서울: 국립문화재연구소) p.9.

【그림 3】은 조선 후기 바느질 장면을 그린 풍속화[77] 중의 하나로, 꿰매고, 접고, 가위질 하는 갖가지 모습을 그린 것으로, 기교를 부리지 않으면서 일하는 여인들의 자세 또한 다양하게 포착하여 몸동작을 정확히 그려내고 있다.

조선시대 경공장(京工匠)에는 10명의 침선장이 공조(工曹)에 소속되어 있었고, 외공장(外工匠)에도 2개소에 64명이 소속되어 있었다. 옷을 만드는 일은 바느질 기술은 물론 여러 공정을 거쳐 완성되는 복잡한 작업이다. 실을 만드는 제사장(制絲匠), 실이나 천에 물을 들이는 청염장(靑染匠), 홍염장(紅染匠), 옷감을 짜는 직조장(織造匠), 옷감을 재단하는 재작장(裁作匠), 금박(金箔)이나 자수(刺繡) 등 무늬를 놓는 금박장(金箔匠), 자수장(刺繡匠) 등 여러 분야의 장인이 협력해야 옷을 완성할 수 있었다. 그러나 옷의 맵시나 품위, 효용성 등을 결정짓는 가장 중요한 匠人은 바느질을 직접 담당하는 침선장(針線匠)이다. 바느질을 담당하였던 침선장

---

77) 사대부 화가인 조영석의 「바느질」은 조영석의 풍속화와 화조화의 사생첩인 『사제첩(麝臍帖)』에 들어 있는 것으로, 일상생활의 한 장면을 스케치한 것이다.

들은 옷감을 장만할 때 춘하추동 어느 때 입을 옷인지, 옷 임자의 나이와 신분은 어떠한지, 일상 옷인지 나들이 옷인지, 현재의 유행은 어떠하며 옷 임자의 성품은 어떠한지, 어디에서 난 물건이 좋은지, 옷감은 얼마나 들며 물건에는 흠이 없는지, 빛깔이 변하는지, 줄지나 않는지, 안감은 무엇으로 할 것인지 등을 심사숙고 했다. 그러므로 전통적인 침선장은 혼자 힘으로 디자이너, 재단사, 패턴사 겸 재봉사의 역할을 수행했다.78)

예의를 숭상하는 우리 조상들은 의복을 정갈하게 갖추어 입는 것에서부터 예(禮)가 시작된다고 생각했다. 그래서 바느질 한 땀 한 땀에 여인의 정성과 염원이 깃들이고 바느질에 소용되는 용구 또한 정성스럽고 비밀스럽고 귀중하게 간직해 왔다.

바느질이 여인의 일상생활이었던 만큼 바느질에 필요한 규중칠우(閨中七友)에 얽힌 글, 일화, 민담과 금기, 야화, 상징 등이 많이 전해지고 있는데, 부러진 하찮은 바늘을 보고 애통하여 지었다는 『弔針文』이나, 규중칠우(閨中七友)라 하여 바늘, 실, 자, 가위, 다리미, 골무 등을 의인화(擬人化)해 서로의 재주를 찬양하는 소설 『閨中七友爭論記』79) 등에서도 바느질 도구에 대한 여인들의 알뜰한

---

78) 중요무형문화재 제89호, 『針線匠』 (서울: 국립문화재연구소, 1998), p.10.
79) 규중칠우쟁론기의 줄거리는 규중 부인이 칠우와 더불어 일해 오던 중, 주인이 잠이 든 사이에 칠우는 서로 제 공을 늘어놓으며 다툰다. 그러다가 부인에게 구중을 듣고, 부인이 다시 잠들자 이번에는 자신들의 신세타령과 주 부인에 대한 원망과 불평을 늘어놓았다. 잠에서 다시 깬 부인에게 꾸중을 듣고 쫓겨나게 되었는데, 이때 감투 할미가 나서서 사죄함으로써 용서를 받고, 이 감투 할미를 가장 귀하게 여긴다. 규중칠우가 공을 다투거나 원망을 토로히는 깅면을 보면 그늘은 당당하게 자기주장을 펴고 있는데, 이 칠우는 실제 규방 여성들의 의인화로 본다면 이는 가부장제적 질서 속에 갇혀 있었던 여성들의 세계에서도 자신의 주어진 역할만큼 그 정당한 보상을 받고자 하는 새로운 인식이 조금씩 일어나고 있음을 알 수 있다.

정감과 애틋한 염원을 느낄 수 있다.

제1절 침선도구

침선도구는 옷감을 마름질해서 꿰매어 일정한 형태를 완성시키는데 소용되는 일체의 도구로 바늘, 실, 골무, 가위, 자, 인두, 다리미 등이 있으며, 인두질할 때는 인두판과 화로가 반드시 뒤따랐다. 또한 자질구레한 침선도구를 넣어 둘 수 있는 반짇고리를 비롯하여 바늘과 실을 정리할 수 있는 바늘집, 바늘쌈, 바늘꽂이 및 실첩과 각종 실패 등이 있다.

1. 바늘(針)(【그림 4~7】)

바늘은 규중칠우(閨中七友)로 일컬어지는 7가지 바느질 도구 중에서도 가장 귀중하게 취급되었던 애중품이었다.

의복을 꿰매기 위하여 바늘을 사용하게 된 것은 유럽 구석기시대 최후의 문화기라고 하는 마그달레니아(Magdalenia) 문화기 때 나타난 골각제(骨角製) 바늘이 최초이다. 신석기시대에도 같은 재료의 것이 만들어졌고, 금속기 발명과 함께 금속제 바늘이 고안되었다. 꿰매기 위한 용도 외에 특히 의복을 여미기 위하여 쓰는 지금의 안전핀과 같은 형태의 바늘은 고대 이집트나 메소포타미아 지방에서 발견된 적이 있다.[80]

우리나라의 경우 신석기시대와 청동기시대에 뼈바늘이 발견되었고, 아울러 청동기시대에는 짐승의 다리뼈로 침통(針筒)을 만든

---

80) 두산세계대백과사전 CD-ROM, (서울: 두산동아), 검색어: 바늘.

것도 발견되었다. 철기시대에는 중국 철기문화와 스키타이 계통의 청동기문화가 요동지방에서 혼합되어 들어와 새로운 금속문화로 발전하면서 생활전반에 많은 발전을 가져온다. 현재 유물로는 삼국시대의 뼈로 만든 골침(【그림 4】)과 선덕왕 3년(634)에 세운 분황사(芬皇寺) 석탑안에서 발견된 금, 은제 바늘과 길이 4.9cm에 직경 1cm쯤 되는 원통형 바늘통(【그림 5】)이 있으며, 고대 박물관에는 고구려의 것으로 알려져 있는 폭 0.1cm, 길이 5.8cm의 금사가 끼어진 고구려의 金針(【그림 6】)이 있다. 이 바늘들은 동그란 바늘귀가 뚫린 형태로 그 후 고려대에나 이조대의 바늘과 그 길이와 굵기에 있어서는 차이가 있으나 형태는 다름이 없는 것이다.81) 고려를 거처 조선시대에 들어와 오늘에 이르기까지 쓰이고 있는 철침(鐵針)이 발견되었다. 특히 조선시대에는 죽침(竹針), 골침(骨針)과 함께 철침(鐵針)(【그림 7】)이 많이 쓰였다 하며, 헌종 때 이규경(李圭景)의 『오주연문장전산고(五洲衍文長箋散稿)』에는 "지금 쓰고 있는 포(布)침은 중국에서 온 것이다. 동전 한 닢에 3~4개 이므로 비싼 편이 아니나 그들만 믿고 우리가 만들지 않다가 교역이 막히면 어디 가서 살 것인가 걱정된다"라는 기록이 있듯이 조선시대의 바늘은 모두 중국에서 수입해서 쓴 것을 알 수 있으며, 귀한 물건이었던 것은 사실이다. 조선시대 사용된 바늘은 모두 철제로서 바늘의 굵기와 길이에 따라 용도가 달라 6~7cm의 긴바늘은 이불용으로, 중바늘은 의복을 짓는데 사용하였고 3cm 정도의 짧고 가는 바늘은 자수용이나 버선을 감치는데 사용하였다. 『규합총서(閨閤叢書)』에는 바늘을 보관하는 방법이 나와 있는데, 바늘을 호도껍질 사른재에 묻으면 몇 해를 두어도 녹슬지 않는다고 하였다.82)

---

81) 홍성덕, "우리나라의 바느질 도구 소고 - 이조시대를 중심으로 - ", (의류직물연구 제4호, 이화여자대학교 가정대학 의류직물학회), p.86.

옷을 지으려면 자로 재고 가위로 잘라 바늘로 일일이 꿰매야만 비로소 완성품이 되는데 바늘로 꿰매는 일이 가장 더디고 공이 많이 들어야 했기 때문에 조선조의 여인들에게 있어서 바늘은 한시도 곁에서 떼어놓을 수 없는 물건이었고 바늘에 대한 여인들의 애착심은 대단한 것이었다. 조선 순조(純祖)때의 바늘을 의인화하여, 부러진 바늘을 애통해 하며 지은 『조침문(弔針文)』에서 바늘이 얼마나 귀한 물건이었는지를 알 수 있는데 내용을 보면 다음과 같다.

…… 아깝다 바늘이여, 어여쁘다 바늘이여, 너는 미묘한 품질과 특별한 재치를 가졌으니, 물중(物中)의 명물(名物)이요, 굳세고 곧기는 만고(萬古)의 충절(忠節)이라. 추호(秋毫)같은 부리는 말하는 듯하고, 두렷한 귀는 소리를 듣는 듯한지라. 능라(綾羅)와 비단(緋緞)에 난봉(鸞鳳)과 공작(孔雀)을 수놓을 제, 그 민첩하고 신기(神奇)함은 귀신이 돕는 듯하니, 어찌 인력(人力)이 미칠 바리요.

오호통재라, 자식이 귀(貴)하나 손에서 놓을 때도 있고, 비복(婢僕)이 순(順)하나 명(命)을 거스를 때 있나니, 너의 미묘한 재질(才質)이 나의 전후에 수응(酬應)함을 생각하면, 자식에게 지나고 비복에게 지나는지라. 천은(天銀)으로 집을 하고 오색(五色)으로 파란을 놓아 겉고름에 채였으니, 부녀의 노리개라. 밥 먹을 적 만져 보고 잠잘 적 만져 보아 널로 더불어 벗이 되어, 여름 낮에 주렴(珠簾)이며, 겨울밤에 등잔을 상대하여, 누비며, 호며, 감치며, 박으며, 공그릴 때에, 겹실을 꿰었으니, 봉미(鳳尾)를 두르는 듯, 땀땀이 떠 갈 적에, 수미(首尾)가 상응(相應)하고, 솔솔이 붙여 내매 조화(造化)가 무궁(無窮)하다……

---

82) 빙허각이씨, 정양완(譯), 『閨閤叢書』(서울: 寶晉齊, 1999). p.136.

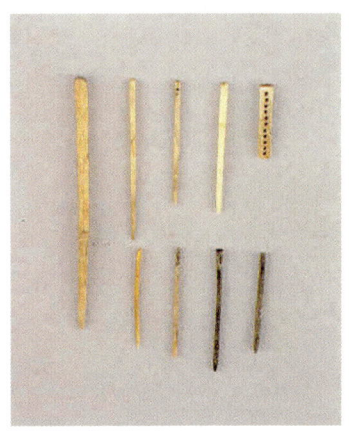

【그림 4】 삼국시대 골침
길이: 6.5~9.5cm, 4.2cm
소장: 국립광주박물관
출처: 『한국복식2천년』 p.162

【그림 5】 신라시대 침통과 바늘
길이: 침통(4.9cm), 금침(3.6cm), 은침(3.6cm)
소장: 국립경주박물관
출처: 국립경주박물관 홈페이지 자료실

【그림 6】 金絲가 끼워진 고
구려 金針
폭: 0.1cm 길이: 5.8cm
소장: 고려대박물관
출처: 『韓國의 刺繡 어제와
오늘』, p.11.

【그림 7】 조선시대 바늘통과 바늘
소장: 국립민속박물관
출처: 『針線匠』, p.12.

바늘과 더불었던 긴 세월의 회고 및 공로와 바늘의 요긴함, 바늘의 모습과 재주 찬양, 부러지던 날의 놀라움과 슬픔. 그렇게 만든 자신에 대한 자책과 회한, 그리고 내세의 기약으로 끝을 맺고 있다. 한 개의 바늘을 가지고 27년을 썼다는 사실은 조심성 깊고 알뜰한 여심(女心)을 말해주거니와, 한편 자녀 하나 두지 못한 외로운 여인이 생계를 그것에 의지하고, 반생을 동고동락하여 왔음을 알 수 있다.

또한 『閨中七友爭論記』에는

"나는 천태산 마고할미 쇠막대를 십년이나 바위에 갈아낸 몸이러니, 두 귀에다가 굵은실 가는 실을 꿰어 가지고 나의 다리로 온갖 피륙에 구멍을 뚫으니 어찌 차마 견디리요? …… 각골통한(刻骨痛恨)하며, 더욱 나의 약한 허리 휘드르며 날랜 부리 두루혀 힘껏 침선을 돕는 줄은 모르고 마음 맞지 아니면 나의 허리를 브르질러 화로에 넣으니 어찌 통원하지 아니리요. 사람과는 극한 원수라. 갚을 길 없어 이따감 손톱 밑을 질러 피를 내어 설한(雪恨)하면 조금 시원하나, 간흉한 감토 할미 밀어 만류하니 더욱 애닯고 못 견디리로다."

라고 하여 세요각시(바늘)가 신세를 한탄하는 장면이 있으며,

"세요 각시 가는 허리 구붓기며 날랜 부리 두루혀 이르되, 양우(兩友)의 말이 불가하다. 진주(眞珠) 열 그릇이나 꿴 후에 구슬이라 할 것이니, 재단(裁斷)에 능소능대(能小能大) 하다 하나 나 곧 아니면 작의(作衣)를 어찌 하리오. 세누비 미누비 저른 솔 긴 옷을 이루미 나의 날내고 빠름이 아니면 잘게 뜨며 굵게 박아 마음대로 하리오. 척 부인의 자혀 내고 교두 각시 버혀 내다 하나 내 아니면 공이 없으려든 두 벗이 무삼 공이라 자랑하나뇨."

라고 하며 세요각시가 침선의 공을 늘어놓고 있어 바늘의 역할을 상징적으로 보여주고 있다.

우리 조상들은 바느질을 단순히 옷을 짓는 행위가 아닌 여인네들이 반드시 지켜야 할 중요한 덕목의 하나로 여겼으며 바늘과 실에 엉킨 의미 있는 풍습[83]들도 많았는데 특히 바늘은 만사형통, 행운, 예방, 경계 등 다양한 의미를 지니고 있다.

2. 실(絲)(【그림 10~11】)

"청홍 각시 얼골이 붉으락 프르락 하야 노왈,

세요야. 네 공이 내 공이라. 자랑마라. 네 아모리 착한 체하나 속담에 이르기를 구슬이 서 말이라도 꿰어야 보배라 하였으니 내 몸이 아니 가고야 허다한 일이 한 가지나 될쏘냐? …… 내 설움 어찌 다 말하리요? 남녀 의복과 잔 누비며 어린아이 채색옷에 내 몸 아니 들고야 어찌 한 솔 반 솔이나 기워 내랴마는, 일하기 싫은 부인네와 계집아이들이 내 몸을 바늘구멍으로 몹시 잡아당기다가 순히 나오지 아니하면 제반 악종의 소리로 나를 나무라니, 내 무슨 죄로 이 설움을 어찌 참고 지내리요?"

---

83) 허동화, 『우리 규방 문화』(서울: 현암사, 1997), p.47.
민간에서는 칠석날에 부녀자들이 가족을 위하여 드리는 바늘귀꿰기 치성이 있었는데 부녀자들이 지붕에 올라가 동쪽을 보고 바늘에 실을 꿰어 옷을 기우면 그 옷을 입은 사람은 운이 트인다고 전해지며, 가장 먼저 꿰어진 바늘을 몰래 간직하였다가 시험 보는 자식의 등에 꽂아두면 목적하는 시험에 합격할 수 있다고 믿었다고 한다. 또한 수의를 꿰맨 비늘로 다른 옷을 기우면 그 옷을 입은 사람은 숭붕에 걸리지 않는다는 예방의 풍습도 있었다. 반면에 뾰족한 형태와 찌르는 기능으로 인해 경계의 의미도 있었는데 매달 초열흘날에 바느질을 하면 딸만 낳는다든지 바늘을 벽에 꽂아두면 남편이 앓거나 마른다든지 하는 일종의 신앙으로 나타나기도 하였다.

『규중칠우쟁론기』에 나오는 청홍각시가 자신의 공과 설움을 얘기하고 있다.

실은 예로부터 장수를 상징했다. 그래서 장수를 비는 음력 정월 첫 토끼날(上卯日) 청색으로 물들인 명주실을 명사(命絲)라고 하여 팔에 감거나 옷고름에 매달며 문 돌쩌귀에 걸어 두었다. 재앙을 물리치고 수명을 늘여줄 것으로 믿었기 때문이다. 이렇듯 실[84]은 장수를 상징하여 첫돌 상에 무명실을 올려서 아이가 실을 잡으면 무명실 같이 질기게 수명장수 할 거라 믿었으며, 아기들이 태어서나서 처음 입히는 '배냇저고리'에는 실로 고름을 달았다.

또한 신랑의 생년월일시를 적은 사주단자는 청실, 홍실 두 끝을 각기 따로 잡고 그 허리에 색을 엇바꾸어 엮어 끼우면 혼사의 성립을 의미했다.

실잣기의 보급은 가락바퀴(【그림 8】, 【그림 9】)가 도입되면서 시작되었다. 가락바퀴는 긴외오리 섬유의 빔을 먹이는데 적합한 원시적인 물레 같은 역할을 하였다. 가락바퀴의 사용법은 방추자의 구멍에 둥근 막대를 끼워(【그림 9】) 축을 만들고 섬유를 축에 이어 회전시켜 꼬여진 실을 만드는 것이다. 신석기, 청동기 시대의 집자리와 무덤에서 가락바퀴가 흔하게 나오는 것으로 보아 당

---

84) 실에 관련된 우리 속담을 보면 다음과 같다.
   (1) 꿈에 실을 보면 명이 길다.
   (2) 꿈에 실과 바늘을 얻으면 만사가 길하다.
   (3) 바늘에 실을 길게 꿰면 멀리 시집간다.
   (4) 아기 백일옷 백줄 누비면 장수한다.
   (5) 칠월 칠석 날 밤 바늘에 실 꿰면 바느질 솜씨 는다.
   (6) 수의는 실 끝에 매듭을 짓지 않는다(저승 가서 매듭을 풀어 달라고 쫓아다닌다).
   (7) 실패에 실이 감겨 있지 않으면 부모가 일찍 죽는다.
   (8) 실패에 실을 넓게 감으면 남편이 바람을 피우게 된다.

시에 실 짜기가 널리 보급되었음을 알 수 있다. 길쌈은 삼국시대 이후에 발전했다. 고구려에서는 베 짜기를 비롯한 직조수공업이 발전하여 누에고치에서 뽑은 명주실로 고급옷감인 비단을 짜기도 하였다.[85]

【그림 8】 삼국시대 가락바퀴(紡錘車)
지름: 3.4cm~7.7cm
소장: 국립광주박물관, 국립부여박물관
출처: 『한국복식2천년』 p.8.

【그림 9】 가락바퀴
지름: 3.7cm~4.3cm
소장: 국립중앙박물관
출처: 『한국복식2천년』 p.8.

현재 남아 있는 유물로는 고려시대(1302년) 아미타불 복장유물에서 나온 온양민속박물관의 오색사(【그림 10】)가 있으며, 【그림 11】은 조선시대 후기의 것으로 보이는 석주선 박물관 소장의 오색견사(五色絹絲)가 있다. 이것은 덕온공주(德溫公主, 1822~1844, 조선23대 순조의 3녀) 돌 때 무병장수를 축원하는 뜻에서 돌상에 올려놓았던 것이라고 한다.[86]

85) 허동화, 前揭書, p.33.
86) 한국문화재보호재단, 『전통염색공예』 (서울: 예맥출판사, 1977), p.25.

【그림 10】五色絲(고려시대 1302년) 　　【그림 11】오색견사(五色絹絲)
소장: 온양민속박물관　　　　　　　　소장: 석주선박물관
출처: 『전통염색공예』 p.32.　　　　　　출처: 『전통염색공예』 p.24.

　　조선시대 실이 많이 생산된 지역은 경기도에 8개 지역, 충청도와
전라도에 1개 지역, 황해도에 15개 지역, 함경도는 18개 지역, 평안
도는 39개 지역에서 실을 생산하였다. 명주실은 평안도 희천(熙川)
땅의 것이 좋으며 도방(都房)에서 구입하여 썼다. 단위는 근(斤)이
었는데 근(斤)의 무게를 가진 실은 편으로 되었고 이것은 바닥이라
불리웠으며 그 실끝에는 누에고치 한 마리를 그냥 달아서, 실을 사
용할 때 그 누에만 들면 1000m 내외의 실이 엉키지 않고 풀려나와
이것을 근(斤)으로 달아 그 무게에 따라 값을 정하여 팔았다고 한
다. 실을 사오면 필요한 색으로 염색했다.[87)]
　　고운 바느질을 할 때는 당사(唐絲)라고 하여 꼬아서 곱게 만든
실을 썼고, 비단천을 이용하는 바느질에는 반드시 명주실을 사용
하였다. 명주실을 만드는 법은 아주 재미있다. 누에 한 마리가 뽑
아내는 실은 800미터쯤 되는데, 누에 여덟 마리를 같이 물에 넣어
서 실을 뽑는다. 그리고 나오는 실 여덟 가닥을 하나로 모아서 실

---

87) 吳雪中子, "우리나라 바느질 用具에 關한 硏究", (석사학위논문, 숙
　　명여자대학교 대학원, 1980), p.19.

패에 감는다. 다 감고 나면 그 실을 다시 풀어 물레에 감아 실타 래를 만든다. 실이 흩어지지 않도록 사방을 실로 묶어서 물레에서 빼내어 잿물에 삶는다. 이것을 숙(熟)한다고 한다. 잿물이 남지 않 도록 실을 물에 잘 헹구어 원하는 색으로 염색한다. 이것을 꼬아 서 만든 것이 꼰사 이다. 우리의 전통자수는 실을 꼬은 꼰수로 수 를 놓았다. 그래서 섬세한 푼사수에 견주어 조금 거칠어 보이기는 하나 소박하고 중후한 멋을 주는 것이 특징이다.[88)]

『閨閤叢書』에는 실을 무궁화 잎 즙에 담가 가르면 맺혀 엉킨 것도 풀린다 하였다.[89)] 일반적으로 바느질용으로 쓰인 무명실은 이합사(二合絲)였고, 이불을 시칠 때나 튼튼하게 바느질을 하기 위해서는 삼합사(三合絲)를 사용하였다. 실은 옷감의 종류와 색상 에 따라 선택하여 사용하였다.

3. 자(尺)(【그림 12~20】)

자는 옷감을 마르기에 앞서 치수를 재던 도구로 보통 집에서 대 나무나 나무로 만들어 사용했다. 또 경험에 의해 자 대신에 자신의 팔과 손가락 마디를 이용하기도 하였다. 손가락 中指의 一節을 1寸 이라 하고, 겨느랑이에서부터 중지의 끝까지를 一尺이라 하는 등 신체의 일부를 이용하는 경우가 많았다.[90)]

그러나 이러한 치수는 일정치가 않아 불편했을 것이므로 모든 사람이 공통으로 사용할 수 있는 척도의 표본 즉, 자의 제도를 정 했을 것은 쉽게 짐작할 수 있다.

---

88) 한영화, 『전통자수』(서울: 대원사, 1999), p.87.
89) 빙허각 이씨, 정양완(譯), 前揭書, p.137.
90) 홍성덕, 前揭書, p.83.

『閨中七友爭論記』에 척부인이 긴 허리를 자히며 이르되,

　"제우(諸友)는 들으라, 나는 세명지 굵은 명지 백저포(白紵布) 세승포(細升布)와, 청홍녹라(靑紅綠羅) 자라(紫羅) 홍단(紅緞)을 다 내여 펼쳐 놓고 남녀의(男女衣)를 마련할 새, 장단 광협(長短廣狹)이며 수품 제도(手品制度)를 나 곧 아니면 어찌 일으리오. 이러므로 의지공(衣之功)이 내 으뜸되리라…… 매몰하고 쌀쌀하고 인정 없는 것은 인간 사람이로다. 나 곧 아니면 척량척수를 어찌 헤어내며, 광협장단을 어찌 알리요? 그리하여도 유위부족하여 종종 종년들이 사환(使喚)에 게으르면 내 몸으로 짓두들기니, 내 몸이 이만큼 강건하기로 부지하는 것을 생각지 아니하니, 어찌 섧지 아니하리요?"

규중 부인이 이르되,

　"칠우의 공으로 의복을 다스리나 그 공이 사람의 쓰기에 있나니 어찌 칠우의 공이라 하리오." 하고 언필에 칠우를 밀치고 베개를 돋오고 잠을 깊이 드니 척 부인이 탄식고 이르되,
　"매야할사 사람이오 공 모르는 것은 녀재로다. 의복 마를 제는 몬저 찾고 일워내면 자기 공이라 하고, 게으른 종 잠 깨오는 막대는 나 곧 아니면 못칠 줄로 알고 내 허리 부러짐도 모르니 어찌 야속하고 노흡지 아니리오." 척부인의 역할과 설움을 잘 묘사하고 있다.

　유물로는 신라시대 것으로 보이는 화각(華角)자가 일본 정창원(正倉院)에 소장되어 있으며, 금속제로는 삼국시대의 것이 있다. 자(尺)가 우리나라에 들어온 것은 중국 한(漢)나라 이후이며, 치수는 시대에 따라 변하였다.
　조선시대에는 자(尺)의 치수에 대해서 여러 차례 교정하였다. 『경국대전(經國大典: 1485년 시행)』에는 46~80cm로 정하였는데 선조(宣祖) 이후 병자호란으로 인해 문란한 틈을 타서 49.16cm가 되기도

하자 영조(英祖) 26년에는 46.80cm로 교정시키고, 정조(正祖) 원년 (1777)에도 지방마다 다르므로 통일시킨다. 이로써 성종(成宗)부터 고종(高宗)대까지 430여 년간 46.80cm를 계속 사용한 셈이다. 그 후 1902년에는 48.48cm이었고[91], 1926년 朝鮮度量衡令을 분포, 미터법으로(1cm=3分3釐, 1m=3尺3寸) 전용하여 50cm, 1m짜리의 자(尺)를 현재까지 사용케 되었다.

그러나 길이를 재는 단위는 시대와 지역에 관계없이 자연과학의 기본단위인 십진법(十進法)에 준하여 韓國在來尺의 규격인 10分, 10寸, 1尺에 따랐다. 분(分)을 중심으로 10分을 1寸, 10寸을 1尺, 10尺을 1才이라 했고, 자(尺)의 눈금에는 나와 있지 않으나, 1/10분(分)을 1리(釐), 1/10리(釐)를 1호(毫), 1/10호(毫)를 1초(秒), 1/10초(秒)를 1홀(忽)이라 하였다.[92]

근래에는 상인들에 의해 치수가 변하기도 하는데 한산(韓山)모시 거래 실태가 그중의 한 예이다. 한산모시는 한필이 40자였는데 1980년대부터 36자로 거래되었다. 단속이 심해지자 37자로 하고 있다. 그래서 여름옷 한번 만들려면 40자가 필요하므로 특별히 주문해야 하는 실정이다.[93]

자(尺)는 재료(材料)와 기공(技工)의 성격에 따라 화각척(華角尺), 나전흑칠척(螺鈿黑漆尺), 흑칠척(黑漆尺), 주칠척(朱漆尺), 죽척(竹尺), 목제척(木製尺)으로 분류할 수 있고, 용도(用途)에 따라 비단을 재는 자(尺), 무명을 재는자(尺), 마(麻) 종류를 재는자(尺), 버선자(尺), 수의척(壽衣尺), 곡선(曲線)을 재는 자(尺)(【그림 17】)로 구분할 수 있다.

---

91) 국립민속박물관, 『한국복식2천년』(서울: 도서출판 신유, 1997), p.286.
92) 이은경, "조선왕조의 포백척에 관한 연구", (석사학위논문, 서울여자대학교 대학원, 1981), p.28.
93) 국립민속박물관, 前揭書, p.288.

자(尺)의 길이는 용도에 따라 30~70cm로 많은 차이가 있었는데 무명을 재는 긴 자(尺)는 재료가 거의 소목재(素木材) 또는 죽재(竹材)로써 소박함을 나타냈고, 비단을 재는데 사용했던 자(尺)는 화각(華角)이나 나전흑칠(螺鈿黑漆)을 하여 화려함을 나타냈다.

화각척(華角尺)(【그림 12】)은 쇠뿔의 맑은 부분을 펴서 투명한 종잇장처럼 깎은 뒤 오채(五彩)의 그림이나 화판에 도식화한 문양을 그려 넣어 나무 위에 부착시켜 화려하게 꾸민 자다. 화각척은 여러 종류의 침척(針尺)중 가장 화려하여 침선도구(針線道具)로서의 기능 외에 부녀자들의 애중품인 내방공예품 중의 하나94)이다.

나전흑칠척(螺鈿黑漆尺)(【그림 13, 14】)은 나무로 된 자에 흑칠(黑漆)을 하고 진주광이 나는 자개, 조각으로 매화문, 죽문, 원앙문 등을 박아 붙인 것이며, 흑칠척(黑漆尺), 주칠척(朱漆尺)은 칠(漆)만 한 것으로 이렇게 칠(漆)만 하는 경우에는 목재와 칠이 서로 틀리지 않는 버드나무, 홍송(紅松), 송(松), 산행(山杏) 등을 사용한다.95)

반면꾸밈이 없이 소박하게 만들어졌던 목척(木尺)(【그림 15】)이나 죽척(竹尺)(【그림 16】)은 무명옷을 주로 입었던 서민들 사이에서 많이 사용되었다. 목척(木尺)에는 금을 새기거나 작은 못을 박았다.96) 이외에 버선자(【그림 18~20】)라는 것이 있는데, 한쪽 끝은 버선코처럼 뾰죽한 모양으로 버선코를 뒤집을 때나 선을 그을 때 사용하였다. 매우 귀한 것으로 상류층에서나 사용하였다. 재료는 대나무나 나무로 만들었으며, 길이는 33cm정도로 일반 자보다는 짧다.

---

94) 이은경, 前揭書, p.32.
95) 이은경, 前揭書, p.36.
96) 중요무형문화재 제89호, 『침선장』 (서울: 국립문화재연구소, 1998), p.14.

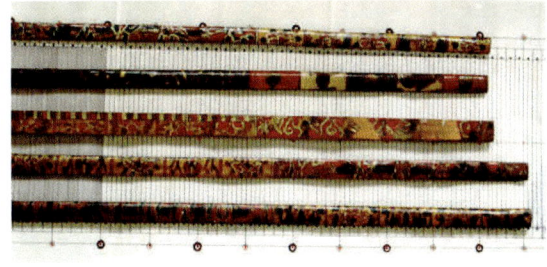

【그림 12】화각척(華角尺)
소장: 서울대박물관
출처: "조선왕조의포백척
　　　에 관한연구" p.34.

【그림 13】나전흑칠척
　(螺鈿黑漆尺)
소장: 경희대박물관
출처: "조선왕조의 포백척
　　　에관한연구" p.37.

【그림 14】나전칠척(螺鈿漆尺)
소장: 국립민속박물관, 최종찬
출처: 『한국복식2천년』p.164.

【그림 15】목제척(木製尺)
소장: 국립민속박물관, 최종찬
출처: 『한국복식2천년』p.164.

【그림 16】죽척(竹尺)
소장: 경고당
출처:　이은경, 　『前揭書』,
　　　p.88.

【그림 17】곡선자(曲線尺)
소장: 허동화
출처:　이은경,　『前揭書』
p.51.

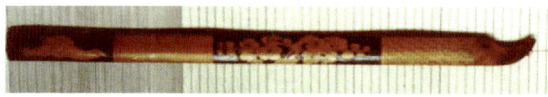

【그림 18】버선자
소장: 숙명여대박물관
출처: 이은경,『前揭書』p.52.

【그림 19】버선자
소장: 고려대박물관
출처:　이은경,　『前揭書』
p.52.

【그림 20】버선자
소장: 국립민속박물관
출처:『한국복식2천년』 p.165.

4. 가위(鋏)(【그림 21～27】)

동양이나 서양이나 옛날 무덤에서 가장 많이 나오는 유품중의
하나가 바로 가위이다. s가위는 지렛대의 원리를 이용하여 무엇을
자르기 위해 고안된 도구이다. 바늘, 실, 가위로 이루어지는 반짇
고리의 세계에서 가위는 바늘이나 실과는 이질적인 존재로 늘 소
외되어 온 것이 사실이다. 정다운 부부처럼 떼놓을 수 없는 인간
관계를 '바늘 가는데 실 간다'라고 표현한 속담이 있듯이 그것들
은 서로 붙어 다니게 마련이다.
　가위와는 반대로 바늘과 실은 헤진 것을 꿰매고 끊긴 것을 봉
합한다. 그에 비해서 가위는 이어져 있는 것을 자르고 함께 있는

것을 베어낸다.[97]

옷감을 자르거나 베는데 사용 되는 것으로, 바느질 도구 중 빼놓을 수 없는 중요한 도구이다. 『閨閤叢書』에 "거여목 뿌리 가루에 묻었다가 옷을 마르면 먹줄 친 듯하여 꺾지 않아도 저절로 간다"[98]라는 기록이 있다.

『규중칠우쟁론기』에 교두각시(가위) 양각(兩脚)을 빨리 놀려 내다라 이르되,

"척 부인아, 그대 아모리 마련을 잘 한들 버혀 내지 아니하면 모양제되 되겠느냐. 내 공과 내 덕이니 네 공만 자랑마라."

교두 각시 이어 가로대,

"그대 말이 가하다. 옷 말라 버힐 때는 나 아니면 못하려마는 드나니 아니 드나니 하고 내어 던지며 양각을 각각 잡아 흔들제는 토심적고 노홉기 어찌 측량하리오. 세요 각시 잠간이나 쉬랴 하고 다라나면 매양 내 탓만 너겨 내게 집탈하니 마치 내가 감촌 듯이 문고리에 거꾸로 달아놓고 좌우로 고면하며 전후로 수험하야 얻어 내기 몇 번인동 알리오. 그 공을 모르니 어찌 애원하지 아니리오."

교두각시(가위)의 공과 설움을 나타내고 있다.

우리나라에서 출토된 가위도 삼국시대 이전으로 거슬러 올라가는 역사를 지니고 있다. 그 예로는 신라시대 분황사 석탑 내에서 발견된 石函 중에 들어있던 원시형의 가위(鋏)를 들 수 있다. 【그림 21】이 가위는 전체형태가 ɑ형으로 금속하퐈이 이어진 것이며

---

97) 이어령, 『한국인의 손, 한국인의 마음』 (서울: 디자인하우스, 1999), p.42.
98) 빙허각이씨, 정양완(譯), 前揭書, p.137.

아래쪽 곡선부분이 가위날 부분보다 가늘게 되어있다. 여기에는 손
잡이가 따로 없어 좌우의 가위날 사이에 절단할 물건을 놓고 가위
등을 눌러 잘랐을 것으로 짐작된다. 또한 통일신라시대의 것으로
안압지에서 출토된 것(【그림 22】)이 있는데 이 가위는 초의 심지
를 자르는데 사용했다고 한다. 잘린 초와 심지가 떨어지는 것을 막
기 위해 날 바깥에 각각 반원형의 테두리를 세웠으며 손잡이 쪽에
「방울무늬(魚子文)와 당초무늬(唐草文)」가 화려하게 장식되어 있
다. 이와 같은 형태의 가위는 일본 정창원(正倉院)에도 소장되어
있는데 세부 장식 등에 약간의 차이가 있으나 매우 유사하다.99)

그 후의 유물로는 고려시대의 여러 금속제의 가위(【그림 25】)
를 상당수 볼 수 있다. 형태에는 2가지가 있는데, 금속 한판으로
엑스자(X)형으로 꼬이면서 교차시킨 것과, X자형 교차점에 못이
박힌 것 두 가지 모두 있었으며 재료로는 鐵製, 銅製등이다. 조선
시대의 가위형태(【그림 26, 27】)도 고려와 대동소이 하며 다만 X
형의 剪刀가 대부분인 것으로 미루어 보아 鋏(원시형태)의 사용이
희미해 진듯하다. 가위의 형태는 좌우 대칭형으로 요즈음과 같이
손잡이가 있는 것은 조선 후기의 형태이다. 가위의 재료는 대개
무쇠와 백동으로 한 가지 재료만으로 만든 경우도 있고, 가윗날은
무쇠, 손잡이 부분은 백동으로 하여 두 가지 재료를 함께 사용한
경우도 있다. 또한 채색을 하기도 하였다.

---

99) 국립경주박물관 홈페이지, 『http://gyeongju.museum.go.kr』.

【그림 21】 신라의 鐵製가위
길이: 7.3cm
소장: 국립경주박물관
출처: 국립경주박물관 홈페이지

【그림 22】 統一新羅 金銅製 鋏
길이: 25.5cm
소장: 국립경주박물관
출처: 국립경주박물관 홈페이지

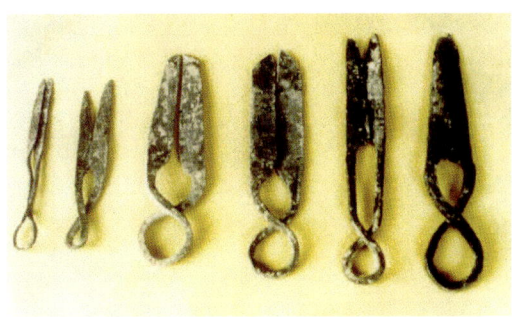

【그림 23】 아연(납)으로 만든
작은 가위(안압지
출토, 통일신라)
길이: 7cm∼14.1cm
소장: 안압지 전시관
출처: 경주 안압지 전시관

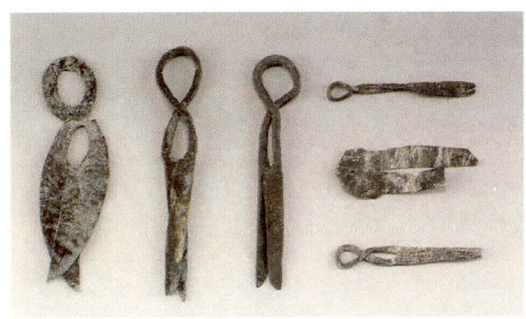

【그림 24】 통일신라 가위(鋏)
길이: 9.7cm, 10cm, 59cm
소장: 국립경주박물관
출처: 『한국복식2천년』, p.164.

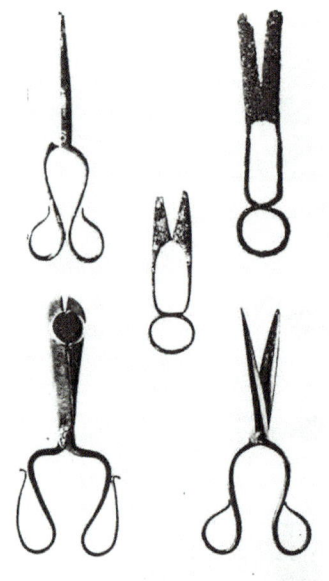

【그림 25】 고려시대 가위
출처: 석주선, 『韓國服飾史』, p.618.

【그림 26】 조선시대 가위
소장: 국립민속박물관
출처: 『針線匠』, p.15.

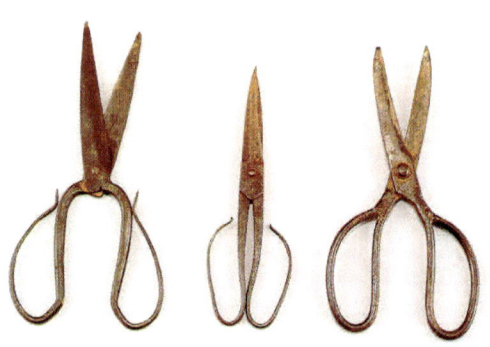

【그림 27】 조선시대 가위(鋏)
길이: 21.5cm, 20.6cm, 18cm
소장: 국립민속박물관
출처: 『한국복식2천년』, p.164.

5. 인두, 화로, 인두판(【그림 28~38】)

인두는 바느질할 선이 풀어지지 않도록 꺾어 눌러줌으로써 손쉽게 바느질을 하도록 도와주던 도구로서 옷깃이나 동정 등 다리미로는 손질하기 힘든 의복의 세부(細部)를 다리는데도 사용되었다. 『閨中七友爭論記』에

  인화 낭재(인두) 이르되,
  "그대네는 다토지 말라. 나도 잠간 공을 말하리라. 미누비 세누비 눌로 하여 저가락 같이 고으며, 혼솔이 나 곧 아니면 어찌 풀로 붙인 듯이 고으리요. 침재(針才) 용속한 재 들락날락 바르지 못한 것도 내의 손바닥을 한번 씻으면 잘못한 흔적이 감초여 세요의 공이 날로 하여 광채 나나니라……
  나를 무슨 죄로 주야 사철 화로에 묻어 두고 부리다가, 어린아이들이 가시옷이나 곡시옷이니 하고 나를 갖다 마구 문지르고 그냥 묻어 두었다가, 부인들이 쓸 제면 곱지 아니하다고 나만 나무라며, 또 무거우니 가벼우니 하여 굽도 접도 못하게 하면서 공 없는 말만 하는 도다."

하면서 인화낭자(인두)의 세심한 역할과 탄식을 나타내고 있다.

인두는 아도(砑刀)라고도 하는데, 인두의 발생연대는 다리미나 가위와 동일한 금속제품임에도 삼국시대의 유물에서는 그 형태를 찾아볼 수가 없다. 따라서 다리미의 기능을 보충해 주기 위하여 후대에 만들어진 것으로 보인다.[100]

인두는 바느질 중간 중간에 솔기나 모서리를 눌러 다리는 데는 밑이 편편하고 넓은 다리미로는 불편했으므로 모양이 날렵한 인두를 사용하였다.

조선시대 유물에 보이는 인두는 머리의 형태에 따라 대략 세 종

---

100) 조효순, 『한국복식풍속사연구』(서울: 일지사, 1995), pp.89~90.

류로 구분된다. 코끝이 고무신코처럼 뾰족하게 올라간 것(【그림 29】)과 방형(方形)(【그림 30】), 유선형(流線型)(【그림 31】)인 것이 있다. 이중 코끝이 뾰족하게 올라간 것(【그림 29】)은 맨 처음에 만들어진 것인데, 형태상 저고리의 당코깃, 섶코, 버선코, 깃궁둥이, 배래, 도련 등의 곡선을 내기에 적당했을 것으로 보인다. 이러한 인두의 크기는 총길이가 짧은 것은 33cm에서 긴 것은 44cm까지 있었다. 총길이에 따라 인두 머리의 크기도 달랐는데 짧은 것은 길이 4.5cm에 높이가 2cm 정도였으며, 긴 것은 길이 8cm에 높이가 4cm 정도였다.

방형(方形)(【그림 30】)의 인두는 형태상 코끝이 올라간 형과 유선형 인두의 중간 형태로 보인다. 이 형태의 인두는 이화여대에 소장되어 있는 유물실측에 따르면 총길이는 34.5cm이며, 인두머리는 길이 6cm, 너비 1.8cm이다.

유선형(流線型)(【그림 31】)의 인두는 앞서 살핀 두 인두의 단점이 보완된 가장 후대의 것으로 조선 말기부터 현재까지 쓰이고 있는 형태이다. 이 인두의 특징은 바닥이 유선형으로 판판하며, 옆면은 비스듬히 경사가 져 있다. 크기는 총길이 35cm 정도로 방형 인두의 머리보다 훨씬 크다.

이렇듯 조선시대의 인두는 머리부분이 무쇠로 만들어져 있으며, 머리부분에 연결되어 제물자루가 달려있고, 그 끝에는 12cm 가량의 열전도가 낮은 나무 손잡이가 달려있다. 여기에 조각이나 칠, 나전을 붙인 것(【그림 30】)이 있어 실용성과 장식적 효과를 가미한 것도 있다.

인두질을 할 때는 반드시 화로와 인두판이 있어야 했다. 화로는 인두에 열을 가해 주기 위하여 불을 피워 인두를 묻어두던 용구이다. 명주나 비단처럼 고운 천으로 옷을 지을 때는 반드시 2개의 인두를 묻어두고 교대로 사용하는 것이 조선조의 풍속이었다.

또한 화로는 바느질하는 데에만 사용된 것이 아니고 家室의 난방에 뺄 수 없는 도구였다. 화로의 발생연대는 후대에 발생된 인두와 달리 석기시대의 주거지에서 이미 그 조형인 붙박이식 화로를 찾을 수 있다. 붙박이식 화로는 그 뒤 삼국시대에 이르러 금속과 질로 만든 독립된 화로로 발전하게 되었고, 고려시대에 와서는 청동제(靑銅製), 철제(鐵製)(【그림 32, 33】) 등의 화로가 생겨 조선시대로까지 이어진 것이다.101) 조선시대에 와서는 그 형태나 재료가 더욱 발전되고 다양해져 白銅, 靑銅, 陶瓷, 곱돌(【그림 34】) 등이 화로 재료로서 사용되었고, 또한 형태는 원형(【그림 32, 33】)뿐만 아니라 8각형, 6각형, 4각형(【그림 35】) 등의 형태를 보인다.

【그림 28】 다리미와 인두
소장: 구혜자
출처: 『針線匠』, p.18.

---

101) 上揭書, p.91.

【그림 29, 30, 31】 인두
길이: 33cm, 44cm, 30cm
소장: 국립민속박물관
출처: 『한국복식2천년』, p.152.

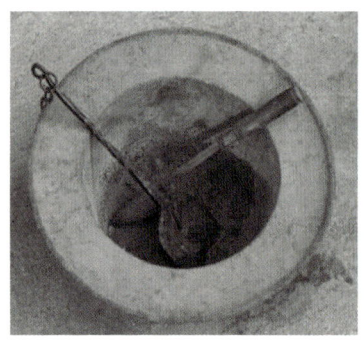

【그림 32】 인두와 화로
소장: 국립민속박물관
출처: 국립민속박물관 홈페이지

【그림 33】 화로
소장: 구혜자
출처: 『針線匠』, p.17.

【그림 34】 화로
소장: 온양민속박물관
출처: 계몽문화재단, 『온양민속박
　　　물관』

【그림 35】 화로
소장: 온양민속박물관
출처: 『온양민속박물관』 도록

　인두판(【그림 36~38】)은 인두질을 할 때 반드시 필요했던 것으로 바느질할 때에는 인두판을 양쪽 무릎위에 걸쳐 놓고 인두질뿐만 아니라 금을 꺾거나 풀칠할 때 받침대로도 사용하였다. 인두판을 만들 때는 길이 60~64cm, 너비 17~20cm, 두께 2cm 정도의 장방형 목판 상하에 솜을 도톰하게 펴고 무명이나 비단형겊으로 씌워 만드는 것이 일반적이다. 겉에 씌우는 헝겊은 자주 빨아서 사용해야 했으므로 특별한 장식을 하지 않았으나, 혼수품일 경우에는 수를 놓기도 하였다.

【그림 36】 인두판 크기: 11.9cm×49.1cm 소장: 한원희
출처:『韓國의 刺繡 어제와 오늘』, p.45.
【그림 37】 인두판 크기: 58cm×14cm 소장: 국립민속박물관
출처: 국립민속박물관 홈페이지
【그림 38】 인두판 크기: 57.5cm×12.9cm 소장: 한원희
출처:『韓國의 刺繡 어제와 오늘』, p.52.

6. 다리미【그림 39~44】

『閨中七友爭論記』에 울 랑재(다리미) 크나큰 입을 버리고 너털
웃음으로 이르되,

"인화야, 너와 나는 소임 같다. 연이나 인화는 침선뿐이라. 나는 천만
가지 의복에 아니 참예하는 곳이 없고, 가증한 여자들은 하로 할 일도
열흘이나 구기여 살이 주역 주역한 것을 내의 광둔(廣臀)으로 한번 쓰
치면 굵은 살 낱낱이 펴이며 제도와 모양이 고하지고 더욱 하절을 만나
면 소님이 다사하야 일일도 한가하지 못한지라. 의복이 나 곧 아니면

어찌 고오며 더욱 세답하는 년들이 게으러 풀먹여 널어 두고 잠만 자면 브듯처 말린 것을 나의 광둔 아니면 어찌 고오며, 세상 남녀 어찌 반반 한 것을 입으리오. 이러므로 작의 공이 내 제일이 되나니라."

울낭자의 공치사를 엿볼 수 있다.

옷감의 주름살을 펴거나, 옷의 바른 모양을 만들어 주는데 사용 된 것으로 지름 20cm 정도의 오목한 주철(鑄鐵)로 되어있고 그 위에 숯불을 얹어서 사용하는데 두 사람이 빨래를 마주 붙들고 빨래 위를 문질러 다린다. 이때 다리미를 여러 번 문지르지 말고 뜨거운 다리미로 단번에 말리면서 다려나가야 풀도 세고 다린 모 습이 단정하다고 한다.102) 다림질할 때 숯불을 담은 다리미는 받 침그릇 위에 올려놓고 옆에는 반드시 부채를 준비했다.

현존하는 고대유물 중 가장 오랜 것은 백제 무녕왕릉에서 출토 된 청동제 다리미(【그림 39】)로 삼국시대에 이미 다리미를 사용 한 것으로 보인다.

이 다리미의 형태는 넓은 전이 달린 둥근 몸체에 긴 손잡이가 달린 형식의 것인데 전은 안쪽으로 밋밋하게 기울어지고 거기에 6줄의 음각횡선이 돌려져 있으며 몸체 외면은 턱이 져서 절반 이 상을 약간 두텁게 만들었다. 손잡이는 윗면이 편평하고 아래 면이 둥글어서 단면은 반원형을 이루었으며 몸체와 이어지는 부분의 표면은 전의 가장자리에 붙었고 뒷면은 한층 넓어져 몸체의 외면 에 붙어있다.103) 몸통에 비하여 손잡이가 길며 몸통 아랫부분과 다리미 내부에 아주 고운 명주조각이 붙어있다. 【그림 40】은 고 려시대의 청동제다리미로 몸통 둘레에 3조의 돌기선이 있고 손잡 이 부분에는 ㅅ가형의 손잡이를 끼울 수 있는 구멍이 있다. 무녕왕 릉 출토 다리미와 매우 유사하다.

---

102) 고려대학교 민족문화연구소, 『한국민속대관 CD-ROM』.
103) 백제문화개발연구원, 『백제조각, 공예도록』, 1992, p.264.

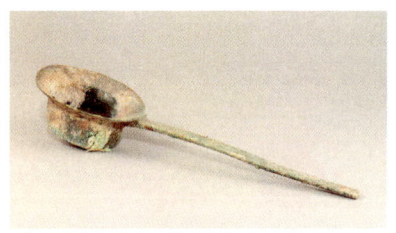

【그림 39】 다리미(백제 무녕왕릉 출토)
길이: 49cm, 높이: 5.5cm
소장: 국립공주박물관
출처: 『한국복식2천년』, p.150.

【그림 40】 청동제다리미(고려시대)
높이: 5cm, 지름: 2.7cm, 손잡이길이: 9cm
소장: 국립경주박물관
출처: 『한국복식2천년』, p.151.

【그림 41】 다리미와 다리미판
소장: 국립민속박물관
출처: 국립민속박물관 홈페이지 자료실

【그림 42】 다리미와 다리미판
소장: 국립민속박물관
출처: 『한국복식2천년』, p.151.

【그림 43】 다리미와 다리미받침
소장: 국립민속박물관
출처: 국립민속박물관 홈페이지 자료실

【그림 44】 다리미의 뒷면
소장: 국립민속박물관
출처: 국립민속박물관 홈페이지 자료실

이와 같은 형태는 그 후 고려시대에나 조선시대에도 크게 변화됨이 없으나, 다만 조선시대 후기에 와서는 약간 변형되어 다리미의 전이 없어지고 대신 운두가 비스듬히 경사지게 되었다(【그림 42~44】). 다리미의 크기는 구경(口徑)이 17cm~19cm, 저경(底徑)이 10~12cm, 높이가 3.5cm, 제물자루가 6cm~7cm, 나무 손잡이가 12cm~14cm 정도이다.

다림질 감은 촉촉한 상태가 좋다. 효과적으로 다리는 방법으로 '초불다림'을 하는데 다리기 전에 큰 주름을 펴고 모양을 바로 잡는 일로, 마른 것은 입으로 물을 뿜어 골고루 적신 후 반듯이 정리하고 발로 밟았다. 옷을 다릴 때는 주로 밤이나 새벽녘에 했는데, 이것은 다림질감을 밖에 널었다가 이슬을 맞히면 습기가 골고루 배어서 입으로 물을 품어서 한 것보다 더 효과적이기 때문이었다.104)

7. 골무(【그림 45~49】)

골무는 『閨中七友爭論記』에 감투 할미로 묘사될 만큼 규중 부인들의 총애를 받았으며, 바늘, 자, 가위, 인두 등과 함께 침선의 필수품이었다.

『閨中七友爭論記』에 감토 할미 웃고 이르되,

　　"각시님네, 위연만 자랑 마소. 이 늙인이 수말 적기로 아가시내 손부리 아프지 아니하게 바느질 도와 드리나니 고어에 운(云), 닭의 입이 될지언정 소 뒤는 되지 말라 하였으니, 청홍 각시는 세요의 뒤를 따라 다니며 무삼 말 하시나뇨. 실로 얼골이 아까왜라. 나는 매양 세요의 귀에 질리었으되 낯가족이 두꺼워 견댈 만하고 아모 말도 아니하노라."

---

104) 고려대학교 민족문화연구소, 『한국민속대관 CD-ROM』.

하며 감투할미의 공치사에서 골무의 역할이 자세히 그려져 있다.[105]

골무는 바느질할 때에 바늘을 눌러 밀고 바늘이 손끝에 찔리는 것을 막기 위하여 쥔 손의 둘째손가락에 씌워 끼는 물건이다. 손 바느질에 반드시 필요한 용구로서, 주로 감침질을 할 때나 바늘이 들어가기 힘든 옷감에 사용된다.

골무의 발달은 바늘 끝의 날카로움으로부터 피부를 보호하기 위하여 자연발생적으로 생겨난 것이라 여겨지며, 오랜 세월 동안 여인들의 안방의 필수품으로 우리 생활 속에 정착해 왔다. 중국에서는 약 4500년 전부터 명주가 생산되어 의복을 만들기 위하 바느질에 필요한 현재의 1/4 가량의 짧은 바늘이 생겨났고, 이를 사용하기 위해 골무가 발명되었다. 우리나라 골무에 대한 역사는 정확한 문헌상의 기록은 없으나 B. C 1세기에 낙랑(樂浪)에서 사용했음이 그 고분(古墳)에서 발견된 골무에 의해 밝혀지고 있다. 이 골무는 은제(銀製)로 현재의 골무 형태와 같다.[106]

이규경(李圭景)의 『오주연문장전산고(五洲衍文長箋散稿)』에는 골무를 정정(頂釘)이라고도 기록하고 있다.[107] 골무에 사용된 재료는 헝겊, 색비단, 가죽, 금속 등(【그림 48】)이 있다. 부녀자들이 직접

---

105) 우리나라 골무에 관한 속담에 "골무는 시어미 죽은 넋이라" 하는 것이 있는데 이것은 바느질하다가 빼어놓은 골무는 눈에 잘 띄지 않으므로 일어서거나 일감을 쳐들어 보아야 나타난다 하여 일컫는 말로 그 당시 골무가 얼마나 중요했는지 알 수 있다.

106) 동아출판사편집부, 『동아원색세계백과사전 3』, (서울: 동아출판사, 1982), p.346.

107) 골무의 명칭은 표준말인 「골무」 외에 각 지방의 방언이 있다.
「골매」 경남(거제), 충북(단양), 충남(대전), 전북(전주, 군산, 부안),전남(담양, 진도, 나주), 제주(조수, 여로, 인성)
「골맹이」 전주(이리, 군산, 김제)
「골모」 충남(서산), 전남(화순), 강원(호산, 목제)
「골미」 경북(안동, 봉화 등), 경남(산청, 함안 등), 충북(청주, 옥천 등)충남(조치원, 대전), 강원(영월, 정선 등), 평남(전지역), 평북(전지역)

만들었으므로 여러 가지 형태가 있으나 기본형은 반달형이다. 골무를 만들기 위해 따로 천을 준비한 것이 아니고 옷을 짓고 난 후에 나머지 자투리 천을 정성껏 모아 두었다가 조각보, 조각이불 등을 다 만든 후 아주 작은 천으로 만들었다. 손가락 한마디가 들어갈 정도의 크기(약2~2.5cm)로 앞뒤 판을 따로 만들어 비단실로 둘레에 귓밥을 쳐서 연결한다. 또한 가죽조각이나 여러 겹으로 배접한 무명 헝겊을 속에 넣고 겉은 비단헝겊에 매화, 모란, 연화, 박쥐, 나비, 천도(天桃), 석류, 태극, 십장생 등의 길상무늬를 수놓거나(【그림 45, 46】) 바늘이 닿는 부분에 바늘귀가 들어가지 않도록 무명실을 꼬아 돌려가며 고정시켜서 튼튼하게 만든 것도 있다.108)(【그림 48, 49】) 우리나라에서는 주로 가죽이나 헝겊으로 된 골무를 주로 사용했다. 놋쇠로 만든 골무가 있었다하나 녹청(綠靑)이 손가락에 묻어 유독하다 하여 사용을 기피하고 요즘은 합금이 사용되어 녹청의 피해가 없으며, 요즘 사용되고 있는 스텐으로 된 골무가 쓰이고 있다. 우리는 골무를 검지 손가락에 끼우나 서양에서는 바늘을 쥐는데 따라 장지(長指) 손가락 중간이나 끝에 끼워 사용하는 것으로 우리와 바늘 쥐는 법이 다르다.109)

옛날 혼기를 맞은 처녀들은 골무를 100개를 만들어 백 수(壽)를 상징하는 것으로, 골무상자나 유리병에 넣었으며 덮개에는 유리를 덮어 속의 예쁜 골무들이 보이도록 하였다. 처녀들은 틈이 날 때마다 골무를 만들어 100개를 채운다. 이렇게 혼수감으로 가져간 골무는 시댁 식구들과 일가친척들에게 선물하기도 하여 신부의 솜씨가 평가되며, 특히 꼼꼼히 잘 만들었거나 특별히 예쁜 골무들은 그 신부의 평판을 높이는데 대단한 역할을 하였다. 늘 여인의

---

108) 김영숙(編著), 『한국복식문화사전』 (서울: 미술문화, 1998), p.55.
109) 박소미, "우리나라 골무에 관한 연구", (석사학위논문, 숙명여자대학교 대학원, 1985), p.10.

곁에서 희노애락(喜怒哀樂)을 같이하던 골무는 그들의 사상과 바느질을 통한 예술적 감각이 나타났고, 오랜 세월 동안 애정 어린 손길로 다듬어져 현재까지 그 맥을 이어 내려오고 있다.110)

【그림 45~46】 골무
너비: 2.4cm
소장: 온양민속박물관
출처: 삼성생명,『2001
CALENDAR』

【그림 47】 골무
소장: 온양민속박물관
출처:『온양민속박물
관』도록

110) 上揭書, p.7.

【그림 48】 골무
길이: 2cm내외
소장: 국립민속박물관
출처: 『한국복식2천년』, p.162.

【그림 49】 골무와 골무상자
소장: 사전자수박물관
출처: 『옛보ㅈ기』, p.142.

8. 바느질상자(【그림 50~62】)

바느질상자, 바느질고리(버들고리), 또는 바느질그릇(반지그릇) 등으로 불리우는데 형태와 재료를 달리하여 바느질상자는 종이를 배접해서 만든 것이고, 바느질고리는 버들로 엮은 것이고, 바느질 그릇(반지그릇)은 나무로 만든 것이다. 자, 가위, 실패, 골무, 바늘, 누비밀대, 인두 등의 침선도구를 넣어 두었다.111)

　조선시대 상류층에서는 자개, 화각 등으로 화려하게 장식하여 만들었으나, 서민층에서는 대부분 종이로 만든 지함(紙函)(【그림 50~54】)이나 고리버들 또는 대를 가늘게 쪼개서 만든 대고리(【그림 55~58】) 등을 사용하였다.

　지함(紙函)에는 색종이로 꽃이나 새, 수복강녕(壽福康寧) 등의 글자를 새긴 무늬를 오려서 붙인 지장첩화(紙粧貼花)의 것과 빨강, 노랑, 초록의 삼색종이로 안팎을 발라서 만든 것이 있다. 나무로 만든 것에는 화조(花鳥)나 십장생 문양을 조각하여 칠을 하거나 자개를 덧붙인 것이 있고, 또는 화각을 붙여서 붉은 칠을 하고 윤을 내어 아름답게 장식하였다.112)

1) 바느질상자(【그림 50~54】)

　두꺼운 장지류(壯紙類)나 백지(白紙)를 0.3cm 정도의 두께가 되도록 배접하여 사각(【그림 50, 52】), 팔각(【그림 51, 53, 54】), 원형 등의 상자로 만든 것이며 간혹 실고리에서와 같이 테두리에 1cm 정도 폭의 첩죽(貼竹)을 대기도 했다. 사각형인 경우에는 안쪽 면을 색지를 붙인 작은 목판으로 십자(十字) 혹은 쌍십자(雙十字)로 칸막이를 하여 면을 구획하기도 했으며, 또 서랍을 달기도 했다. 외면에는 단색지(單色紙)를 붙여 문양을 그리거나 각색의 종이를 문양대로 오려 붙였다.

---

111) 석주선, 前揭書, p.190.
112) 김영숙(編著), 前揭書, p.183.

【그림 50】 사각 바느질상자
소장: 온양민속박물관
출처: 계몽문화재단, 『온양민속박물관』

【그림 51】 팔각 바느질상자
소장: 국립민속박물관
출처: 『針線匠』, p.25.

【그림 52】 사각 바느질상자
소장: 사전자수 박물관
출처: 『우리규방문화』, p.307.

【그림 53】 팔각 바느질상자
지름: 27cm, 높이 12.5cm
소장: 양의숙
출치: http://www.daknamu.com

【그림 54】 바느질상자
크기: 40cm×40cm×19cm
소장: 상기호
출처: http://www.daknamu.com

2) 바느질고리(버들고리)(【그림 55~58】)

　목제(木製)의 나전 칠한 반지그릇은 상류층에서나 쓰는 것이었고 대다수의 일반 층에서는 주로 바느질고리를 사용하였다. 이것은 실고리와 같이 가느다란 버들가지를 엮어 만든 것으로 4각(【그림 55, 56】) 또는 원형(【그림 57, 58】)의 뚜껑을 갖춘 고리를 엮고, 테두리에는 얇고 널따란 댓개비를 대어 형태가 틀어지지 않게 했으며, 고리의 외면과 내면에는 아무런 장식도 칸막이도 없는 것이 대부분이다.

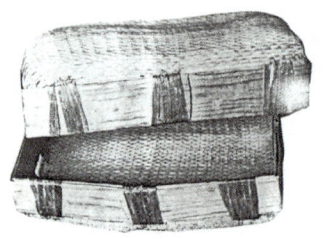

【그림 55】 사각 버들고리
소장: 오죽헌
출처:『한국복식사연구』, p.614.

【그림 56】 사각 버들고리
소장: 숙명여자대학교 박물관
출처:『숙명사랑기증전』, p.49.

【그림 57】 원형 버들고리
소장: 온양민속박물관
출처:『온양민속박물관』도록, p.7.

【그림 58】 원형 버들고리
소장: 국립민속박물관
출처: 국립민속박물관 홈페이지

【그림 55】는 강릉 오죽헌에 소장되어 있는 것으로 신사임당이 사용하던 것이다. 버들가지로 엮은 고리의 上下의 테두리에는 댓개비로 고정시켰다.113)

3) 바느질그릇(반지그릇)(【그림 59~62】)

나무로 만든 바느질 그릇으로 형태는 사방 25cm~40cm, 높이 10cm 내외의 사각형이 대부분이며 그 밖에 육각, 팔각형 반지그릇도 있다. 내부에는 칸막이가 있기도 하여 여기에 바늘꽂이, 골무, 실패 등 작은 바느질 도구를 넣어 정리하였는데 칸막이는 한쪽 측면이나 모서리에 작은 크기로 붙어 있는 것(【그림 61】)도 있고, 한쪽 면을 따라 길게 달린 것(【그림 59】)도 있었으며 뚜껑의 유무가 있었다. 뚜껑이 없는 경우에는 수놓은 비단보 혹은 비단헝겊을 삼각 또는 사각으로 모은 조각보를 덮었다.

【그림 61】은 잣나무로 낮고 네모난 상자를 만들고 그 안의 한 모퉁이에 다시 작은 상자를 만들어 넣었다. 장식기법은 자개를 붙이고 옻칠을 하여 만드는 나전 칠기의 기법으로 제작되었다. 외부의 각 면에는 자개로 매화, 난초, 대나무, 국화의 사군자 무늬를, 안 바닥의 중심부에는 수(壽)자를 장식하였다. 상자의 네 곳 귀퉁이를 물림기법으로 보완하고 바닥에는 얕은 굽을 덧붙여 상자를 약간 띄운 모양이 특징적이다.

【그림 62】는 원형의 나전 칠 바느질 그릇으로 불로초(不老草)와 길상문자(吉祥文字)로 장식되어있다.

---

113) 吳雪中子, 前揭書, p.41.

【그림 59】 나무 바느질그릇
소장: 구혜자
출처: 『針線匠』, p.24.

【그림 60】 나무 바느질그릇
소장: 사전자수 박물관
출처: 『우리규방문화』, p.10.

【그림 61】 사각 나전 칠 반지그릇
크기: 36.7×36.7×9.5cm
소장: 고려대학교 박물관

【그림 62】 원형 나전 칠 바느질그릇
지름: 33cm
소장: 온양민속박물관
출처: 『온양민속박물관』 도록, p.28.

9. 실고리, 실첩, 실상자(【그림 63~76】)

여러 가지 색의 실을 넣어 두던 것으로 버들로 엮은 실고리, 종이
를 여러 겹 배접하여 만든 실상자, 책처럼 만든 실첩 등이 있다

1) 실고리(【그림 63, 64】)

실패 이외에 보통 쓰는 바느질실이나 수(繡)실 등을 보관하는데
쓰인 것으로 실고리가 있었다. 이것은 바느질고리와 같이 버들로

엮어 만들었으나 크기가 매우 작으며, 원형 혹은 방형이다. 테두리에는 얇은 댓개비를 대어 형태가 틀어지지 않게 했으며, 버들고리 그대로를 쓰기도 하고 표면에 문양을 그린 얇은 종이를 배접하여 버들 엮은 형태가 나타나게 하기도 하였는데(【그림 64】) 실고리는 색실을 정리해 주는 도구인 만큼 바느질고리용 버들고리처럼 원형을 그대로 사용할 경우 실올이 걸릴 우려가 있으므로, 대개는 내부에 비단을 씌우거나(【그림 64】) 문양이 그려진 얇은 종이를 발랐다(【그림 63】). 때로는 골무, 바늘꽂이와 같은 작은 바느질 도구를 넣는 정리 고리도 사용되었다.

【그림 63】 실고리
크기: 지름 29×높이 22.5
소장: 이정우
출처: http://www.daknamu.com

【그림 64】 실고리
출처: 『한국복식사연구』, p.615.

2) 실첩(【그림 65~71】)

여인들이 늘 곁에 두고 사용하던 것 중 빼놓을 수 없는 것으로, 수를 놓는데 필요한 색실을 분류하여 보관하기 편하도록 만든 것이다. 여러 칸으로 나뉘어 있어서 분류된 실을 꺼내어 사용하기에도 매우 편리하게 되어 있으며, 접었다 폈다 할 수 있어서 가지고 다니며 사용하기에 편하다. 이렇게 실용적이면서 한편으로는 한지 색상의 조화를 중시하여 그 위에 각종 무늬를 새겨 장식적 효과도 갖고 있다.

실첩의 형태는 겉모양은 가로 16cm~20cm, 세로 27cm~28cm, 두께 2cm~5cm 가량의 보통 책처럼 되어 있다(【그림 66, 71】). 그러나 이것을 펼치면 실상자처럼 여러 개의 사각형으로 나뉘어져 있어 2개씩 짝을 지어 세우면 실갑이 되게끔 되어 있다(【그림 67, 70】).

이것은 백지를 여러 겹 두껍게 배접하고 색지를 바른 후 실첩의 겉면에는 박쥐, 나비, 나뭇잎 등의 문양을 색지로 오려 붙이거나 조각천을 오려 붙이기도 했으며, 내부의 구획된 사각형에도 또한 각종 문양이 오색지로 오려 붙였다. 실상자와 함께 그 여성적인 화사함과 섬세한 구조는 타 바느질 도구 중 그 유례를 찾아볼 수 없다.

【그림 68】은 거북이 등 모양의 옷감을 서로 조화되게 붙였는데, 사각형의 단조로움을 피하기 위해 대각선으로 칸을 나누었다.

【그림 69】는 삼태극무늬를 두드러지게 표현하였고, 그 사이에는 기쁨을 더하라는 의미의 쌍희자(雙喜字)를 두어 생활을 즐겁게 하려는 지혜를 보여주었다. 실첩의 구조는 이 외에도 더욱 복잡한 모양을 한 것이 있으나 그 구조는 이상 예를 든 것과 원리가 같은 것으로 놀랄 만큼 과학적이고 섬세하다.

【그림 70】은 같은 크기로 칸을 나누고 그 위에 양각기법으로 꽃무늬를 새겼는데, 맨 위의 작은 칸을 들추면 여러 겹의 칸이 숨겨져 있다.

【그림 65】 실첩
소장: 사전자수 박물관
출처: 『우리규방문화』 p.307.

【그림 66】 실첩
출처: 『針線匠』, p.28.

【그림 67】 조각실첩
크기: 가로25cm 세로 17cm
소장: 사전자수 박물관
출처: 『옛보ᄌ기』, p.143.

【그림 68】 실첩
크기: 32cm×21cm×2cm
소장: 사전자수 박물관

【그림 69】 실첩
크기 34cm×19cm×3cm
소장: 사전자수 박물관

【그림 70】 실첩
크기: 21cm×21cm
소장: 사전자수 박물관

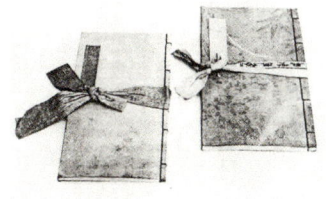

【그림 71】 색실첩
소장 : 석주선
출처: 『한국복식사연구』, p.616.

3) 실상자(【그림 72~76】)

실상자는 외부에 면하는 6면에 나무 또는 두꺼운 종이로 딱딱하게 심을 넣은 직육면체의 상자 형태이나 내부구조는 실첩과 매우 흡사하다.

실상자의 형태는 보통 직육면체로 크기는 가로 27cm~30cm, 세로 15cm~19cm, 높이 12cm~16cm 정도이다. 이 상자의 내부는 위아래로 나뉘어져 있었는데, 아래 좌우에 2개의 서랍이 있고, 위에 16개의 사각형으로 구획되어 2개씩 짝을 지어 세우면 하나의 실갑이 되도록 되어있다. 실상자의 내부 형태는 이밖에 바닥에서부터 층층이 접어 올려 그 안에 색실을 보관(【그림 72】)하도록 되어 있는 것도 있었다. 이러한 실상자를 실함이라고 하여 혼례 때 마련하기도 했다고 한다.

【그림 72】 실상자
크기: 가로 28cm 세로 19cm 높이 16cm
소장: 사전자수 박물관
출처: 『옛보ㅈ기』, p.143.

【그림 73】 실상자
크기: 29.5cm×17.8cm×11.7cm
소장: 온양민속박물관
출처:『온양민속박물관』도록, p.53.

【그림 74】 실상자
크기: 30cm×15cm×15cm
소장: 사전자수 박물관
출처: 삼성생명『2001 CALENDAR』

【그림 75】 조각색실상자
소장: 사전자수 박물관
출처:『전통염색공예』, p.23.

【그림 76】 실상자
크기: 가로 31.5cm, 세로 20cm
소장: 국립민속박물관
출처: 국립민속박물관 홈페이지

10. 실패(【그림 77~81】)

실패는 실을 감아 두는 것으로, 일명 '실꾸리', '실감개'라고도
한다. 실패는 실을 그대로 말아 실꾸리로 하여 쓰면 실이 엉켜 불

편했으므로 사용을 편리하게 하기 위하여 쓰여졌다. 실패는 다만 실을 감아 둘 수 있는 주변의 나무토막이나 가는 대나무를 잘라서 쓰다가 차츰 여기에 여러 변형을 가하게 되어 그 형태가 다양하게 되었다고 생각된다.

  실패의 형태는 가장 기본적인 장방형(【그림 80】)과 화각 실패에서 흔히 볼 수 있는 단면이 타원인 원통형(【그림 68(中)】), 그리고 실이 감겨 두꺼워지는 것을 감안하여 실이 감기는 부분을 다른 부분보다 약간 잘록하게 만든 것(【그림77(上), 그림 79(右)】) 등이 있으며, 이러한 실패에 감는 실은 주로 백색, 흑색의 무명실 또는 명주실이 있으며 굵기대로 구분하여 감았고114) 실이 더러워지는 것을 막기 위한 실패주머니도 있었다. 장방형의 실패(【그림 80】)는 가장 보편적인 것으로, 길이는 9cm~13cm 내외이며, 너비는 3.5cm~5.5cm 내외이고 두께는 1cm~2cm 이다. 실패의 길이가 짧은 경우에는 한 가지 종류의 실만 감았으나, 길 때는 실의 굵기, 쓰임새, 색깔 등에 따라 2가지 이상의 실을 감아두고 사용하였다. 그러나 서민들은 대개 평상시에 가장 흔히 쓰는 흰색과 검은색을 주로 감아놓고 사용하거나, 허드렛실과 좋은 실을 함께 감아놓고 사용하였다. 여기서 허드렛실이란 이불 호청이나 옷을 빨기 위해 뜯을 때 나온 실밥을 말하는 것으로, 이것을 실패에 감아 두었다가 옷을 짓기에 앞서 시침을 뜰 때 사용했다. 【그림 77】의 위쪽 실패는 조각천을 이어 붙여 만든 실패로 무명실이 감겨있다. 【그림 78】의 아래 오른쪽 둥근모양의 실패는 여러 가지 색실을 감아 두었다가 합사하여 수를 놓을 때 사용했으며, 네 귀가 있는 나무실패에는 주로 무명실을 감아 썼다.115) 【그림 79】는 나무실패로 나무에 여러 가지 무늬를 조각하고 칠을 했다. 【그림

114) 金文玉, 前揭書, p.45.
115) 허동화, 『우리규방문화』 (서울: 현암사, 1997), p.12.

80】은 당채로 그림을 그리거나 대나무에 조각을 한 실패이다.
【그림 81】은 털실을 감을 때 사용하던 실패이다

【그림 78】 繡 실패
소장: 사전자수 박물관
출처: 『우리규방문화』, p.10.

【그림 77】 조각실패와 나무실패
소장: 사전자수 박물관
출처: 『우리규방문화』, p.11.

【그림 79】 실패
크기: 8cm～21cm
소장: 국립민속박물관, 최종찬
출처: 『한국복식2천년』, p.163.

【그림 80】
장방형실패
소장: 사전자수 박
물관
출처: 『우리규방문
화』 p.12.

【그림 81】 실패
소장: 국립민속박물관
크기: 23×4.5cm, 23.5× 3.5cm
출처: 『한국복식2천년』, p.163.

실패에 사용한 재료를 보면 나무(木), 대나무(竹), 종이(紙), 직물(織物), 금속(金屬), 화각(華角), 나전 칠(螺鈿漆) 등 재료의 사용이 다양했으며, 이중에 가장 많이 사용된 것은 나무이다.

본래 실용적인 목적에서 생겨났으나 점차 미적으로 발전되어 다른 생활 장식품과 같이 수복(壽福), 다남(多男), 부귀(富貴) 등 길상적(吉祥的)인 의미가 담긴 화문(花紋), 십장생(十長生), 화조(花鳥), 나비(胡蝶), 구름(雲)등을 사용했다.

옛 여인들의 생활에서 천직과 같이 여겨졌던 바느질에서 실패는 빼놓을 수 없는 여인들의 소중한 애중품으로 수많은 喜怒哀樂을 함께 한 용품이었다.

11. 바늘꽂이(【그림 82~88】), 바늘집(【그림 90~94】)

바늘은 규중칠우(閨中七友) 중의 하나로 침선에 있어서 아주 중요한 도구이지만, 아무 곳에나 두면 사람을 다치게 하는 것[116]이기 때문에 필요할 때 언제나 쉽게 찾아 쓸 수 있도록, 몸에 지니거나 규방 내에 비치하여야 했다. 그래서 조선시대에는 바늘 보관 용구가 다양하게 발달했으며 바늘집, 바늘꽂이, 바늘쌈 등이 있었다.

1) 바늘꽂이(【그림 82~88】)

바늘꽂이란 '바늘방석'이라고도 하며, 바늘을 꽂아 두는 작은 물건으로 속에 솜이나 머리카락 같은 것을 넣어 헝겊조각을 씌워 만들었다.[117]

---

116) 李德懋는 일찍이 '바늘을 옷깃에 꽂지 말라. 젖 먹는 아기가 찔릴까 두렵다.'고 했고, 민간에서 유행하던 격언에도 '바늘을 벽에 꽂으면 남편이 병든다'고 하여 당시 여성들에게 바늘 보관에 대한 경계심을 고취시켰다.

바늘꽂이는 가정에서 작은 헝겊을 모아 두었다가 만들어 형태
와 크기가 다양하다. 바늘꽂이는 바늘을 안전하게 꽂아두던 용구
로 형태는 거의 크기가 작은(10cm 내외) 것으로 원형(【그림 82,
83, 85, 86】), 사각형(【그림 87, 88】), 괴불118)형(【그림 84】) 그
밖에 꽃 모양, 잎새 모양 등으로 다양하며, 옷을 마르고 남은 천
을 모아서 만들었다. 대부분 직물이었으며, 크기가 작은 것은 반
짇고리 속에 넣거나 인두판에 매달아 놓고 쓰기도 했고, 수저집
정도의 크기로 만들어 벽에 걸어 장식하기도 하였는데, 예전에는
신부가 혼수품으로 손수 만들어 시댁에 들어가 솜씨를 보이기도
하고, 선물로 나누어 주기도 했다고 한다.

【그림 82】 원형바늘꽂이
소장: 온양민속박물관
출처: 『온양민속박물관』.도록

---

117) 박인자, "조선조 바늘집과 바늘꽂이에 관한 연구", (석사학위논문,
　　　숙명여자대학교 대학원, 1986), p.4.
118) 김영숙(編著), 前揭書, p.68.
　　　'괴불'은 손으로 만든 장신구의 하나로 '괴불주머니'라고도 한다. 괴불
　　　은 오래된 연(蓮)뿌리에 서식하는 열매로 벽사(辟邪)를 뜻하므로 이
　　　를 소재로 한 노리개를 아이들의 생일에 채워주었다고 한다. 네모진
　　　비단색 헝겊을 삼각형으로 접어 솜을 통통하게 넣은 뒤 둘레를 색실
　　　로 휘갑친다. 위쪽에는 작은 고리를 붙이고 양쪽 다리 끝에는 물들
　　　인 술을 달아 만든다. 귀주머니나 염낭주머니 끈에 여러 개를 끼워
　　　장식하거나 아이들의 노리개로 사용되었다.

【그림 83】 원형바늘꽂이
출처: 삼성생명 『2001 CALENDER

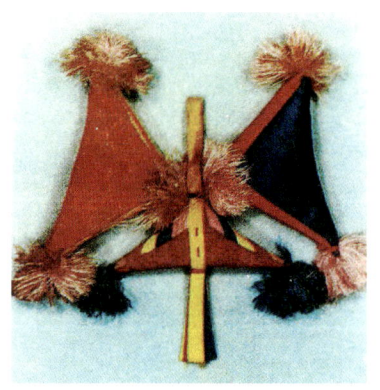

【그림 84】 괴불형 바늘꽂이
소장: 석주선 박물관
출처: 석주선『裝身具』, p.44.

【그림 85】 원형바늘꽂이
출처: 삼성생명,
　　　　『2001 CALENDER』

110

【그림 86】 바늘꽂이
　출처: 삼성생명,
　　　『2001 CALENDER』

【그림 87】 사각바늘꽂이
크기: 8.5cm×8.2cm
소장: 이화여자대학교 박물관
출처: 이화여대박물관 특별전도록
　　　(23), 『服飾』 p.98.

【그림 88】 사각바늘꽂이
크기: 8.5cm×8.5cm
소장: 이화여자대학교
　　　박물관
출치: 이화여대박물관 특별진도
　　　록(23), 『服飾』 p.98.

2) 바늘집(【그림 90~94】)

바늘집은 '바늘겨레'라고도 하며 바늘을 넣어 몸에 달고 다니는 도구로써 조선시대에는 여러 가지 문양으로 장식되어 다른 장식물 못지않게 아름답데 꾸며졌으며, 언제부터인지 여자들이 노리개 삼아 달고 다녀 바늘집노리개(【그림 78~80】)라고도 하였다. 단순한 바느질 용구뿐만 아니라 노리개로 차기도 해 일종의 장신구 역할을 했던 바늘집은 금속으로 만들어진 것과 헝겊에 수를 놓아 만든 것, 그 외에 흑각(黑角), 유지(油脂), 가죽 등으로 만든 것이 있다.

바늘집은 바늘을 넣어 보관했던 것으로 복숭아형(【그림 90-①②⑤⑥, 그림 91-①③, 그림 93】), 장방형(【그림 90-③, 그림 91-④, 그림 92】), 안경집형(【그림 90-④, 91-②】), 괴불형, 주머니형(【그림 94】) 등으로 표면에 여러 가지 문양으로 陰刻된것도 있고, 칠보, 자수 등으로 장식하고 각종 화려한 장식천, 상모나 술 등을 달아 노리개로도 이용하기도 했다.

헝겊으로 만들어진 바늘집과 바늘꽂이는 수공품으로, 바느질을 여공(女工)의 으뜸으로 삼았던 조선조에서는 여아(女兒)나이 10세 전후가 되면 벌써 바늘 쥐는 법을 가르쳐 스스로 바늘집을 만들어 차게 하였다.

바늘집은 크게 실용만을 목적으로 한 것과 실용과 장식을 겸한 것, 장식만을 목적으로 한 것으로 나눌 수 있는데, 실용만을 목적으로 한 것은 조선시대 이전의바늘집으로 원통형 바늘집이다. 이것은 끈이나 매듭이 없이 바늘만을 넣기 위한 것이며, 실용과 장식을 겸한 것은 바늘집이 윗부분과 아랫부분으로 구분되어 윗부분이 뚜껑의 역할을 함으로서 일반 노리개와 다른 점이다(【그림 89】).

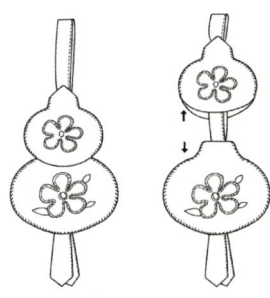

【그림 89】 바늘집의 형태

【그림 90-①②③④⑤⑥】 바늘집
길이: 13.9cm~25.1cm 너비 2.4cm~3.9cm
출처: 삼성생명, 『2001 CALENDER』

　즉 노리개의 구성에서 일반 노리개는 주체를 연결하는 매듭이
나 술이 아래위로 바짝 연결되어 주체를 고정시키고 있는데 이와
달리 바늘집노리개는 실용성 때문에 윗부분이 뚜껑으로서 열수
있게(【그림 89, 93】) 주체 윗부분에 끈의 여유를 두고 매듭이 있
거나 매듭 없이 실제 바늘집으로 사용 가능하게 함으로서 실용과

장식을 겸하였다.

장식만을 목적으로 한 바늘집은 일반 노리개와 구성이 같은데, 바늘집의 아랫부분이 바늘을 꽂는 입구가 막혀 있거나, 바늘집 크기가 아주 작아 바늘을 넣을 수 없는 것이 있다. 여자들의 손끝으로 정성스럽게 만들어진 바늘집과 바늘꽂이는 실용과 장식을 겸하는 창의적인 작품으로 옛 여인들의 수준 있는 조형감각을 나타내주고 있다.

【그림 91-①②③④】 바늘집
출처: 삼성생명, 『1997 CALENDER』

【그림 92】 바늘집
소장: 숙명여대박물관
출처: 『韓國의 刺繡 어
제와 오늘』 p.74

【그림 93】 바늘집과 바늘꽂이
소장: 국립민속박물관
출처: 『針線匠』 p.29.

【그림 94】 바늘집
소장: 사전자수박물관
출처: 『우리규방문화』 p.13.

제2절 침선소품의 종류와 용도

1. 골무(【그림 45~49】)

골무는 바느질할 때에 바늘을 누르고, 바늘에 손끝이 찔리는 것을 막기 위하여 쥔 손의 둘째손가락 끝에 끼는 것으로 주로 감침질을 할 때나 바늘이 들어가기 힘든 옷감에 사용된다. 골무의 기능은 바늘 끝의 날카로움으로부터 손을 보호하기 위해 실용적이었던 것이 차츰 장식이 더해지면서 정교하게 수를 놓아 장식적인 요소가 첨가되었다고 본다.

유물은 대부분 조선 후기의 것으로 바늘과 실, 천을 이용하여 만든 골무의 형태를 살펴보았다. 유물에 나타난 골무의 형태는 장식이 없는 민 골무, 조각천을 이어 붙인 조각 골무, 수를 놓은 수 골무로 나눌 수 있었다. 대부분 손가락 한 마디가 들어갈 정도의 크기로, 기본적으로 앞, 뒤판을 따로 만들어 둘레에 명주실로 사뜨기를 하여 연결하여 만들었다. 천 조각 하나라도 버리지 않고 훌륭한 작품으로 만들어낸 조선 여인들의 지혜를 알 수 있다.

1) 민 골무(【그림 48】)
앞, 뒤판 각각 한 장의 천을 이용하여 붙여 만든 가장 기본적인 골무형태이다. 주로 앞, 뒤판의 천 색상을 다르게 해서 만들었으며, 가장자리 사뜨기 실도 앞, 뒤판 천과 대조되는 색을 사용하여 장식적인 효과를 더하였다.

2) 조각 골무(【그림 45, 46, 48】)
여러 가지 색상의 천 조각을 연결하여 기하학적인 구성을 보여주고 있다. 조각보의 기법과 같이 감침을 이용하여 천을 연결한 것이나 바탕천과는 다른 색실로 위에서 눌러 상침하여 장식적인 요소가 돋보이는 것도 있다.

3) 수 골무(【그림 45~49】)

여러 가지 다양한 색실로 수를 놓아 만든 골무형태로 대부분 소박하고 길상(吉祥)의 뜻을 지닌 식물문(植物紋)이 많으며, 그중에서도 특히 수(繡), 복(福), 다남(多男)을 상징하는 석류와 매화(梅花), 불로초(不老草)와 여러 가지 화문(花紋)이 많이 나타나고 있다. 따라서 실용적인 측면과 장식적인 요소 이외에 행운과 복을 비는 염원이 담겨져 있다 하겠다.

2. 바늘집(【그림 90~94】)과 바늘꽂이(【그림 82~88】)

바늘집은 바늘을 넣어 보관하는 집으로 침낭 혹은 바늘겨레라고도 하는데[119], 항상 몸에 지니고 다니다가 필요할 때 바로 꺼내어 쓸 수 있도록 만들어 실용과 장식을 겸비했다.

조선시대 여인들의 규방생활과 그 시대 여인들의 지배적인 사상과 염원을 문양으로 표현하였으며, 개개인의 취미나 기호에 따라 여러 가지 재미있고 다양한 장식들을 달았으며, 종류도 다양한 것을 볼 수 있다.

바늘집의 형태는 대개 2개의 복숭아 모양으로 만들어 아랫부분과 윗부분으로 분리되는데(【그림 90】, 【그림 93】), 아래 부분에는 바늘이 녹슬지 않게 머리카락을 넣어 바늘을 꽂게 되어 있고 끈으로 연결된 윗부분은 뚜껑이 있어 바늘을 공기와 차단하여 보관하도록

---

119) 金美子(자문·해설), 삼성생명, 『2001 CALENDER』, 9月.

되어있다. 끝에는 비단조각을 겹으로 하여 붙이거나[120] 술을 드리워 장식했다. 그 밖에 장방형, 괴불형, 주머니형, 안경집형 등의 바늘집이 있다(【그림 90~94】).

바늘집을 만드는 방법은 바늘을 꽂아서 보관하는 부분은 솜이나 머리카락을 넣어서 귀갑치기를 하는데, 이때 바늘을 꽂는 부분은 그대로 두고 한쪽 부분에만 빳빳한 종이로 배접을 해서 만든다. 이때 위쪽 부분 중앙에 천으로 만든 끈을 달며, 끈은 윗부분을 길게 해서 옷에 달수 있게 하고, 아랫부분에는 장식천을 곱게 만들어서 단다. 위 뚜껑부분은 빳빳한 종이를 사용해서 양쪽을 각각 만들어 끈이 나오는 구멍을 남기고 귀갑치기 해서 완성하면 된다. 바늘을 꽂는 부분 즉 아래 부분의 끈을 끼워 달면 완성된다.

바늘꽂이는 바늘을 꽂아두는 물건으로 바늘방석 이라고도 하며 끈을 단 것(【그림 85】)은 인두판에 매달아 놓고 썼다고 한다. 바늘꽂이의 형태는 주로 사각형이나 삼각형, 원형의 형태로 옷을 짓고 남은 조각천을 이용하여 만들었다.

바늘꽂이를 만드는 방법은 사각형 바늘꽂이(【그림 93】)는 백지를 여러 겹 두껍게 붙여 板形을 만든 후 그 위에 솜이나 머리카락 등을 넣고 화려한 색의 비단을 씌우거나 수를 놓은 비단을 씌우기도 하였다. 원형 바늘꽂이(【그림 82, 86】)는 정사각형의 헝겊 조각 다섯 장을 이어 붙인 후, 다시 5장의 조각을 돌아가며 이어 붙여 바구니 모양을 만든 후 솜을 넣고 실로 징거준 후 밑받침을 대어 완성한다.

---

120) 사전 자수박물관장 허동화 씨에 따르면, 원래 장식천 조각은 음양오행설과 관련지어 5장씩 달았으나 시대의 변천에 따라 오방색 천의 본래 의미가 퇴색하여, 5장을 모두 사용하지 않고 개인의 기호에 따라 2~3장 달은 것이 많은데, 음양의 조화를 맞추어 陰의 색과 陽의 색을 섞어서 달았다고 한다.

3. 주머니121)(【그림 95~114】)

주머니는 돈이나 소지품을 넣기 위해 헝겊으로 만들어 끈을 꿰어 만든 물건이다. 우리 전통 옷에는 주머니가 없었으므로 모든 소지품은 주머니에 의존 할 수밖에 없었고, 따라서 주머니는 남녀노소, 신분의 고하를 막론하고 모든 사람들의 생활 속에서 꾸준히 패용되었고 소원과 염원, 나아가 주술적 의미까지도 포함하고 있어 처음에는 실용적인 면에서 따로 만들어 차게 된 것이 장식화되어, 실용적인 면과 장식적인 면을 충분히 갖춘 장신구로서 발전하게 되었다.122)

주머니의 歷史는 『삼국유사(三國遺事)』 경덕왕조(景德王條)에 '故自期時至於登位 常爲婦女之戲 好佩錦囊'이라 하여 '왕이 돌날로부터 왕위에 오르기까지 항상 부녀자의 행위를 좋아하여 비단 주머니 차기를 좋아했다'는 금낭(錦囊)의 기록과 함께 이미 三國時代부터 있었으며123), 고려시대에 와서도 徐兢의 『고려도경(高麗圖經)』 貴婦條에 '귀가(貴家) 부녀자(婦女子)들은 감람늑건(橄欖勒巾)에 채조금탁(采條金鐸)을 달고 금향낭(錦香囊)을 찼는데 많은 것을 귀히 여겼다'124)라고 하여 고려의 귀부인들이 여러 가지 채색의 실로 짠 끈과 금방울을 달고 향낭차기를 즐겨한 것으로 보아 신라시대보다 더 많이 금향낭을 찼던 것 같다.125)

조선시대 주머니에 대한 기록을 많이 볼 수 있는데, 『발기(撥記)』

---

121) 주머니는 지방에 따라 조마니, 주먼치, 개쭘치, 줌치, 안집, 개와 속 등으로 불렀고 한자로는 낭(囊)으로 표기한다.
122) 이미석, "향(香)집에 관한 연구", (석사학위논문, 숙명여자대학교 대학원, 1994), p.34.
123) 유희경, 前揭書, p.533.
124) 徐兢著, 『宣和奉使 高麗圖經』 卷二十 婦人 貴婦條.
125) 백영자, 『한국의복식』 (서울: 경춘사, 1993), p.319.

에 적힌 주머니 명칭을 보면 '십장생줌치', '오방낭자', '오방염낭', '수낭', '고목슈줌치', '황룡자낭', '봉자낭', '부금낭', '오복꽃광주리낭', '십장생낭' 등이 있다. 오방낭은 청, 황, 백, 적, 흑의 오색비단을 모아 만든 주머니(【그림 98】)이며 자수주머니인 '십장생 줌치' 등은 길상사상(吉祥思想)에서 나온 주머니라 하겠다.126)

성종(成宗) 16년(1485)조에 '12월에 자단낭자를 나누어 주니 이것이 세시해낭(歲時亥囊) 자낭(子囊)의 제도에 처음이라'는 기록이 있다. 또한 『세조실록』 5년 11월조에 따르면 야인(野人) 김마신합과 그의 일행 11인에게 채낭(彩囊)을 하사하고, 13년 9월 조에는 중국사신에게 채낭에 약을 담은 약낭(藥囊)을 하사했다는 기록이 있다.127) 또한 주머니는 왕이나 왕비 등에게 바치는 예물로, 혹은 왕이나 왕비 등의 탄일(誕日)에 여러 대신들에게 내리는 예물로도 애용되었다. 당상관 이상에게 주머니를 나누어 주었는데, 주로 자색의 비단주머니가 하사되었다. 인종과 선조 때에는 백색 혹은 채색 주머니에 후추를 담아 당상관에게 하사한 기록이 있다.128)

한편 새해 첫 돼지날과 쥐날에 궁에서 여러 대신들에게 볶은 콩을 넣은 주머니를 하사하는 풍속이 있었는데, 최남선의 『朝鮮常識』129)에 "上亥日은 돗날, 上子日은 쥐날이라 하여 민간에서는 각 해당하는 날에 그 취단(嘴端)을 초소(焦燒)하는 행사가 있으니, 대개 시(豕)와 서(鼠)는 농작물에 대한 대표적 해축(害畜)이므로 혹 콩을 볶거나 혹 무엇을 태우는 등의 그 주둥이를 지지는 표상적 주술로서 그 해가 적기를 기축(祈祝)함인데, …… 조정에서는 궁

---

126) 국립중앙박물관 편저, 『韓國의 美: 衣裳,裝身具,袱』 (서울: 通川文化社, 1988), p.138.
127) 上揭書, p.138.
128) 이경자, 홍나영, 『한국의 옛주머니』 (서울: 이화여자대학교 출판부, 2001), p.2.
129) 최남선, 『朝鮮常識』, 風俗篇.

중의 小宦侍 十百으로 하여금 거화행진(炬火行進) 행하여 '돗회부리 지진다'를 외치면서 궁중으로 주행(周行)케 하고 곡종(穀種)을 태워서 圓長二形의 錦囊에 넣어 閣臣과 宰相에 頒賜하니 다 年穀을 祈祝하는 意인데, 이주머니의 圓한 것을 해낭(亥囊), 長한 것을 자낭(子囊)이라 불렀다" 하였다.

또한 『宮中撥記』에 보면 정월(正月) 첫 해일(亥日)에 궁내(宮內)는 물론 종친들에게 '주머니'를 하사하고 있다. 이들 주머니는 조그마한 물건이긴 하였지만 내인(內人)들의 정성어린 잔손이 가고 거기에다 부적 같은 뜻을 지녔기 때문에 환영받는 선물이었다 한다. 즉 그 주머니 속에는 볶은 콩 한 알씩 넣어 하사하였는데, 이를 정월(正月) 첫 해일(亥日)에 참으로서 일년 내내 악귀를 물리치고 만복(萬福)을 받을 수 있다고 믿었던 것이다.[130]

민간에서는 또한 붉은 바탕에 수놓은 주머니를 평생에 세 개를 이어서 차게 되면 후세에 좋은 곳에 간다는 속신(俗信)이 있어서 노인들은 붉은색의 자수 주머니를 차는 것을 즐겼다. 그 이유는 수(繡)와 음(音)이 같은 수(壽)가 목숨을 의미하기 때문이라고 하며, 특히 어른들께 드리는 주머니에는 장생(長生)을 기원하기 위해 십장생무늬를 수놓았다. 돌이나 환갑 같은 잔치 때에도 주머니를 선물하는 것이 통례였고, 새댁이 첫 근친을 갔다가 시댁으로 돌아올 때는 '효도주머니'라 하여 손수 정성껏 지은 주머니를 시댁어른들께 드리는 것이 법도였다. 혼례 때에는 팥 아홉 알과 씨가 박힌 목화 등을 넣은 두루주머니를 함(函)안에 넣었다. 이것은 자손이 번창하라
는 뜻을 지닌 것으로 지방에 따라 주머니 안에 내용물의 차이는 다소 차이가 있었다. 반면 상(喪)을 당하면 위로는 왕에서부터 아래로는 천민에 이르기까지 소색(素色)주머니(【그림 105】)를 찼다.[131]

---

130) 유희경, 前揭書, p.368.

주머니를 분류해보면 장식에 따라 비빈만이 차는 '眞珠琅子132)'(【그림 97】)부터 수를 놓은 수낭(繡囊), 그 위에 금박(金箔)을 한 부금낭이 있고133), 용도에 따라서는 향을 담는 향주머니, 약을 담은 약주머니, 부적을 몸에 지니기 위한 부적주머니, 부싯돌과 담배를 담은 부시주머니와 쌈지, 붓을 보관했던 필낭(筆囊), 도장을 보관했던 도장주머니 등으로 나누어볼 수 있다. 형태에 따라서는 크게 염낭(＝亥囊)(【그림 95~100】), 귀주머니(＝子囊)(【그림 103~106】), 약주머니(【그림 107~109】), 사각주머니(【그림 110~113】) 등으로 나눌 수 있다. 또한 소재에 따라서는 숙고사(熟庫紗)주머니, 갑사(甲紗)주머니, 모본단(模本緞)주머니, 명주(明紬)주머니, 무명주머니, 가죽주머니, 종이주머니 등이 있다.

---

131) 이경자,홍나영, 前揭書, p.4.
132) 유희경, 前揭書, p.365.
    향낭 중 가장 고귀하게 만들어진 것은 "진주낭자"라고 하여 이것은 왕비 정장에만 찼던 것이라 하는데, 국말 윤비(純宗妃: 純貞孝皇后)의 것을 보면 홍색 공단 주머니 전면에 녹두알만한 아주 작은 진주를 수없이 금사에 꿰어달고 있어, 그 진주의 알들이 반짝이는 모습은 황홀한 정도였다 한다. 이것은 옆이 20cm, 높이가 12cm로서 크기로 보아 노리개에 매어단 것은 아니고 염낭과 같이 단독으로 찬 것이라 하겠다.
133) 金用淑, "李朝宮中風俗의 研究", (석사학위논문, 숙명여대대학원, 1972), p.182.

122

【표 1】 형태에 따른 주머니의 분류

종류	내용
염 낭 (두루주머니) 【그림 95~100】	염낭은 해낭(亥囊)이라고 하며 가장 흔히 쓰여진 주머니로 둥근 형태이다. 윗부분에 주름을 잡고 두 줄의 끈을 마주 꿰게 된 작은 주머니로 위는 모가 지고 아래는 둥근데, 끈을 졸라매면 위가 더욱 오그라져 전체가 둥근형태가 된다. 입구의 주름은 보통 5,7,9,11개 등 홀수로 접지만, 입구를 귀주머니 식으로 접은 것도 있다.
귀주머니 【그림 103~106】	귀주머니는 자낭(子囊)이라고도 하며 정사각형의 주머니 형태를 만들어 입구부분에서 세 골로 접어 아래의 양쪽으로 귀가 나오게 된 주머니이다. 귀주머니의 특징은 닳기 쉬운(제일 마찰이 심한 부분) 양쪽 모서리인 두 귀와 중앙부 아래쪽을 따라 감싸듯이 한 겹 더 대고, 그 가장자리에 곱게 상침하여 장식적 효과와 실용적 효과를 겸하고 있다.
약주머니 【그림 107~109】	긴 직사각형의 천 2장을 마주대고 접어 창구멍으로 뒤집은 후, 사선으로 접어 솔기를 마주대고 겉에서 감침한 것으로 양옆 중앙에 주름을 잡아 끈을 꿰고 나머지 부분을 앞으로 넘기면 삼각형모양의 뚜껑이 만들어진다. 이러한 방법으로 길게 접어 만든 필낭이나 수저집의 형태도 있다.
사각주머니 【그림 110~113】	직사각형 형태로 뚜껑이 있으며 입구에 주름을 잡지 않고 끈만 꿰어 만든 필낭이나 수저집, 비녀주머니의 형태에서 보인다. 긴 직사각형의 천 2장을 마주대고 접어 창구멍으로 뒤집은 후 양쪽에서 직선으로 접어 솔기를 마주대고 겉에서 감침하거나 사뜨기를 한 후 입구 부분을 접으면 뚜껑이 된다. 약주머니 접는 것처럼 만들기도 한다.

【그림 95】 연꽃무늬 염낭
크기: 상 9×10cm, 하 9×14cm
소장: 숙명여대박물관
출처:『韓國의 刺繡 어제와 오늘』

【그림 96】 염낭
크기: 상 12×8.5cm, 하 10.4×10.5cm
소장: 숙명여대박물관
출처:『韓國의 刺繡 어제와 오늘』

【그림 97】 진주향낭
소장: 석주선박물관
크기: 13.5×14.5cm
출처:『한국의 옛주머니』

【그림 98】 오방줌치
크기: 11×12cm
소장: 이화여대박물관
출처:『한국의 옛주머니』

【그림 99】 【그림100】
염낭(앞, 뒤)
크기: 8×16cm
소장: 석주선박물관
출처:『한국의 옛주머니』

124

【그림 101】 향낭
크기: 8×14.5cm(左), 10.5×11cm(右)
소장: 석주선박물관
출처:『한국의 옛주머니』

【그림 102】 향낭
크기: 5×6.5cm(左) 4.5×5.5cm(右)
소장: 석주선박물관
출처:『한국의 옛주머니』

【그림 104】 귀주머니
크기: 14×12.6cm(上) 13×15cm(右)
출처:『韓國의
繡 어제와 오늘』

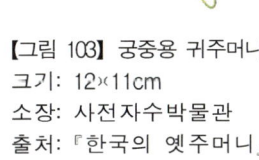

【그림 103】 궁중용 귀주머니
크기: 12×11cm
소장: 사전자수박물관
출처:『한국의 옛주머니』

【그림 105】 귀주머니
크기: 14×15.1cm
소장: 이화여대박물관
출처:『한국의 옛주머니』

【그림 106】 귀주머니
크기: 14×15cm
소장: 석주선박물관
출처:『한국의 옛주머니』

【그림 107】 약주머니
크기: 8.2×12.2cm
소장: 숙명여대박물관
출처:『韓國의 刺繡 어
　　제와 오늘』

【그림 108】
　약주머니
크기: 16.5× 35.5cm
소장: 석주선박물관
출처:『한국의
　　옛주머니』

【그림 109】 약주머니
소장: 사전자수박물관
출처: 삼성생명,『1997
　　CALENDER』

【그림 110,111】 필낭
길이: 30.8cm폭18.5cm
소장: 이화여대박물관
출처: 이대박물관 특별전
도록(23), 服飾

【그림 112】 비녀주머니
길이: 25.5×8.5cm
소장: 이화여대박물관
출처: 『한국의 옛주머니』

【그림 113】 붓주머니
길이: 26cm∼35cm
소장: 장숙환
출처: 『한국의 미』

【그림 114】 필낭
크기: 9.5×32cm(左), 10×34.5cm(右)
소장: 김혜경(左),석주선박물관(右)
출처: 『한국의 옛주머니』

4. 보자기(【그림 115~149】)

보자기는 한자어로 '褓'로 우리말로는 '보자기'로 명칭 되고 있는데 사전에 "물건을 싸는 작은 보로 보자 또는 보로 불리운다" 또는 "물건을 싸기도 하고 혹은 씌워 덮기도 하기 위하여 피륙으로 네모지게 만든 물건, 끈을 달기도 하며 크고 작은 여러 가지가 있다"고 기록되어 있다.134)

조선 후기 문헌기록에 보면, 주로 '보(褓)', '보자(褓子)', '복(福)', '보대(褓袋)' 등으로 표기되는데 이중에서 '보자기복'자와 같은 음인 '福'이 보자기를 지칭하는 말로 쓰인 점이 특이하다. 이는 보자기에 복을 싸 둔다는 민간 신앙적 발상에서 비롯된 듯하다. 또한 보자기(褓子器)를 '보자의(褓子衣)'에서 비롯된 것으로 보면 '물건을 싸 두는 옷'에 비유하고 있음을 엿볼 수 있다.135)

보자기는 쓰다 남은 여러 가지 색헝겊을 모아두는 것에서부터 물건의 용도에 따라 싸 두는 데까지 실용성과 장식성을 겸하고 있는데 종류별로는 일상용이니 밥상보(궁중 수라간에서 사용하던 밥상보는 특히 '맛보'라고 한다), 이불보, 옷감보, 책보 등과 혼례용인 폐백보, 기러기보, 사주보, 예단보, 패물보, 장례용인 관보(棺褓), 영정보(影幀褓) 등으로 구분할 수 있다.136)

보자기의 재료는 명주, 모시, 무명, 베 등이며 싸두는 물품의 성질에 따라 홑, 겹, 누비, 솜보자기가 있는데 끈의 매무새는 반 접혀 한 귀에 달린 것(【그림 122】), 중앙에 대각선으로 달린 것(【그림 121】), 대각선상으로 양 귀퉁이에 달린 것(【그림 115, 117】), 네 귀퉁이에 달린 것(【그림 120】), 혹은 없는 것 등 다양하다.

---

134) 문화공보부 문화재 관리국,『조선시대 궁중복식』1981, p.185.
135) 허동화,『옛보즈기』(서울: 한국자수박물관 출판부, 1988), p.267.
136) 문화공보부 문화재 관리국, 前揭書, p.185.

또한 보자기들 중에는 섬세하면서도 화려하게 자수(【그림 13
6~139】)나 장식을 한 것들이 있는데 자수박물관장 허동화 씨에
의하면 주로 민가에서 사용된 보자기는 민간신앙과 더불어 다목
적, 다용도의 장식적인 것이 많은데 비하여 궁보(양반포함)는 단
일용도의 실용적인 것이 많다고 한다.

현재 창덕궁 유물계에는 133点의 보자기가 소장[137]되어 있는데,
이 중에서 수보는 단 한점도 없으며 無紋單色의 겹, 혹은 솜보자
기가 대부분이고 그중 14点만이 당채로 문양을 넣은 홑보자기 이
다. 이들 無紋單色의 보자기 재료는 안팎이 명주 혹은 무명이거나,
겉은 명주, 안은 무명으로 된 것이 대부분인데 안이 무명일 경우
에도 끈만은 명주를 사용한 예가 많다. 그런데 겹, 혹은 솜보자기
중에는 끈 없이 안쪽은 유지(油紙)로 꾸민 것(【그림 120】)이 있
다. 이것은 궁중 수라간에서 쓰던 맛보로서 안쪽의 油紙는 음식물
에 더럽혀지는 것을 막아주는 역할을 했다. 또한 당채로 화려하게
문양이 채색된 보자기는 모두 중앙에 봉황 한 쌍이 있고 주위에는
富貴, 長壽, 吉福의 글자나 문양이 그려져 있는데 밝은 중간색들을
조화 있게 배합하여 다채로운 아름다움을 보이고 있다.

특히 조각보는 헝겊조각을 이어서 만든 보자기로 주로 서민층에
서 많이 애용하였는데, 당시 염료와 옷감이 부족하여 보자기를 만
들기 위해 따로 천을 마련하기는 힘이 들었으므로 의복 등을 만들
고 남은 조각천을 모아 생활용품으로 만들고 실용적으로 발달시킨
것을 볼 수 있다(【그림 123~135】, 【그림 140~142】). 실제로 궁
보 중에서는 아직까지 조각보가 발견된 예가 없다고[138] 한다.

조각보의 색채는 당시의 의복에 나타난 색채와 일치하고 있으
며 그 색들은 백색, 적색, 황색, 청색, 갈색, 자색 등으로 나타나고

---

137) 上揭書, p.185.
138) 허동화, 『우리규방문화』 (서울: 현암사, 1997), p.289.

있어139) 음양오행사상이 반영되고 있음을 알 수 있다. 조각보 외에도 조각천을 활용하여 골무나 실패, 바늘꽂이, 조각상자등 생활소품을 만들어 쓴 사례를 많이 볼 수 있다.

만드는 방법에 따라서는 홑보와 겹보로 분류할 수 있다. 홑보는 안감을 대지 않으므로 천조각을 이어 붙일 때 솔기 부분을 깨끗하게 처리하기 위해 바느질법을 곱솔(【그림 134, 135】)이나 쌈솔(【그림 132, 133】, 【그림 140~142】)로 하고 있음을 볼 수 있다. 또한 실의 색상은 바탕천과는 대조되는 색으로 하여 바늘땀이 겉으로 드러나게 함으로써 장식의 효과를 낸 것을 볼 수 있다.

겹보는 겉감과 안감 두장을 이어 붙여 만든 것으로, 겹보의 경우는 조각천을 이어붙일 때 모두 감침질을 이용하여 겉감 쪽에서 바느질한 것을 볼 수 있다(【그림 123, 그림 125~131】).

---

139) 김영숙, "조선조시대 조각보자기에 나타난 색채연구", (석사학위논문, 성신여자대학교 대학원, 1988), p.46.

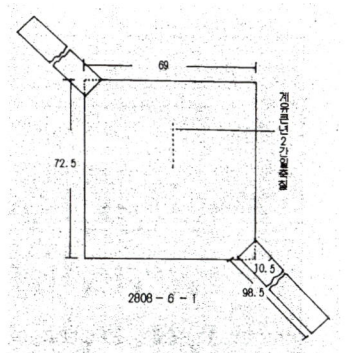

【그림 115】 청, 홍색마직 보자기
크기: 69×72.5cm 끈: 98.5×10.5cm
소장: 궁중유물전시관
출처:『전통염색공예』, p.20.

【그림 116】 청, 홍색 마직 보
자기 도식화
출처:『조선시대 궁중복식』, p.198.

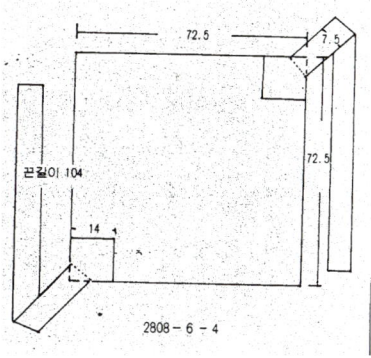

【그림 117】 분홍색 마직 보자기
크기: 72.5×72.5cm 끈: 104×75cm
소장: 궁중유물전시관
출처:『전통염색공예』, p.21.

【그림 118】 분홍색 마직 도식화
출처:『조선시대 궁중복식』, p.198

【그림 119】 누비보자기(1.2cm 누비)
겉감: 홍색 명주 안감: 청색 무명
크기: 63×66cm, 油脂: 직경 26.5cm
끈: 녹색명주(크기 4×69cm 4개)
소장: 궁중유물전시관
출처: 『전통염색공예』, p.19

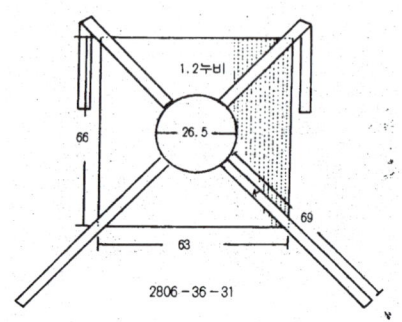

【그림 120】 누비보자기 도식화(上)
출처: 『조선시대 궁중복식』, p.197.

【그림 121】 보라명주 겹보자기
겉감: 보라명주, 안감: 청색무명
크기: 53×53cm
끈: 녹색명주(4×77.5cm)
소장: 궁중유물전시관
출처: 『전통염색공예』, p.21.

【그림 122】 비단 겹보자기
겉감: 황색비단, 안감: 겨자색 비단
크기: 36.5×36.5cm, 끈: 2×76.5cm
소장: 궁중유물전시관
출처: 『전통염색공예』, p.18.

【그림 123】 사(紗) 조각보
소장: 사전자수박물관
출처: 『韓國의 美』, p.105.

【그림 124】 여의주문보
소장: 사전자수박물관
출처: 『옛보ㅈ기』, p.76.

【그림 125】 색동보
소장: 사전자수박물관
출처: 『옛보ㅈ기』, p.53.

【그림 126】 세모조각상보
소장: 사전자수박물관
출처: 『韓國의 美』, p.101.

【그림 127】 織文紗 조각보
소장: 국립민속박물관
출처: 『옛보ㅈ기』, p.85.

【그림 128】 食紙 조각보
소장: 사전자수박물관
출처: 『옛보ㅈ기』, p.105.

【그림 129】
        오색항라 조각보
소장: 사전자수박물관
출처: 『韓國의 美』, p.106.

【그림 130】 생고사 조각보
소장: 사전자수박물관
출처: 『옛보ㅈ기』, p.104.

【그림 131】 비단겹 상보
소장: 사전자수박물관
출처: 『옛보ㅈ기』, p.102.

【그림 132】
모시 조각옷보
소장 사전자수박물관
출처:『韓國의 美』
p.108.

【그림 133】
모시 조각보
소장 사전자수박물관
출쳐『우리규방문화』
p.262.

【그림 134】
모시 조각보
소장 사전자수박물관
출처:『韓國의 美』
p.103.

【그림 135】
모시 조각보
소장 사전자수박물관
출쳐『우리규방문화』
p.263.

【그림 136】
봉황문 繡보
소장 사전자수박물관
출처:『옛보ㅈ기』
p.177.

【그림 137】
繡 패물보
소장 사전자수박물관
출처:『韓國의 美』
p.111.

【그림 138】
花紋 繡褓
소장 사전자수박물관
출처:『옛보ㅈ기』
p.181.

【그림 139】
草花紋 수보
소장 사전자수박물관
출처:『옛보ㅈ기』
p.185.

【그림 140】
사(紗) 조각보
소장: 사전자수박물관
출처:『옛보ㅈ기』 p.45.

【그림 141】
사(紗) 조각보
소장: 사전자수박물관
출처:『옛보ㅈ기』 p.47.

【그림 142】 모시 조각보
소장: 사전자수박물관
출처:『우리규방문화』
p.260.

【그림 143】 함 받침보
출처: 삼성생명,
　　　『2001CALENDAR』

【그림 144】 함 받침보
소장: 사전자수박물관
출처: 『옛보ᄌ기』 p.228.

【그림 145】
매화문 상자 內褓
소장: 사전자수박물관
출처: 『옛보ᄌ기』 p.228.

【그림 146】 紅바리솜보(左), 靑주발솜보(右)
소장: 사전자수박물관
출처: 『옛보ᄌ기』 p.128.

【그림 147】 누비 보자기
소장: 사전자수박물관
출처: 『우리규방문화』 p.311.

【그림 148】 폐물 조각보
소장: 사전자수박물관
출처: 『옛보ᄌ기』 p.137.

【그림 149】 모시 노리개보
소장: 사전자수박물관
출처: 『옛보ᄌ기』 p.218.

홑보와 마찬가지로 실의 색상을 바탕천과 구별되는 색상을 사용하여 바늘땀으로 장식의 효과로도 사용한 것을 볼 수 있다. 홑보, 겹보를 불문하고 조각보에는 일종의 장식이라 할 수 있는 쌍밀이가 달린 것을 볼 수 있다(【그림 124, 125, 127】). 쌍밀이는 전체적으로 사각형 혹은 대각선을 이루는 모서리마다 달리는데 겹보의 경우 안감과 겉감을 고정시켜주는 역할까지 하고 있어 장식과 실용을 겸하고 있다 하겠다. 【그림 143, 144】는 함받침보로 여인들의 패물함 밑에 깔아놓는 받침보로써 때로는 덮개로도 사용하였다.140) 【그림 145】는 상자 내보(內褓)로 작은 패물류나 바느질 도구 따위 여성들의 신변 소품들을 보관하는 작은 상자 밑바닥에 깔거나, 속에 넣는 물건들 위에 덮는데 썼다. 상자 뚜껑이 유리로 된 것도 있는데, 이때는 상자 속이 비쳐 보이므로 덮개보가 반드시 필요했을 것이다. 노리개보(【그림 147】)도 한 폭 정도의 작은 것으로, 이것은 안에 싸는 노리개, 패물 등을 보호하기 위해 겹보로 꾸민 것이 많으며 한쪽 귀에 1~2개의 끈이 달려 있어 묶을 수 있게 되어있다.

조각보의 용도 중에 압도적인 비중을 차지하는 것이 상보인데 대개 2폭 내외의 크기이다. 상보에는 대부분 꼭지가 달려있으며 (【그림 125~128, 130, 131】), 식지를 안쪽에 대었다. 상보 중에서 여름용의 것은 얇은 견직물이나 모시로 된 홑보가, 겨울용의 것은 두터운 견직물로 된 겹보가 전형적이다.

상보에는 주발보(【그림 146(右)】)와 바리보(【그림 146(左)】) (주발은 남자용, 바리는 여자용 밥그릇) 한 쌍이 곁들여지는 경우가 많은데, 청홍의 색상으로 구별된다. 즉 청색은 남자용 주발보를 뜻하고 홍색은 여자용 바리보를 뜻하는 것이다. 이들 주발보와 바리보는 전적으로 밥그릇의 보온을 위한 것이므로 솜을 두툼하게 두어 모자형의 솜보로 꾸민 것도 있다. 이것을 방언으로 '밥멍덕'이라고도 한

---

140) 김미자(고문,해설), 삼성생명, 『2001 CALENDAR』 7月.

다.141) 주발보와 바리보는 결혼할 때 부부용으로 신부가 준비해간 것으로 보인다. 누비보(【그림 147】)는 누벼서 만든 것으로, 누비 겹보는 파손되기 쉬운 기물들을 싸둔 것으로 보인다.

보자기는 계급, 구조, 문양, 용도에 따라 【표 2】와 같이 분류할 수 있다.

---

141) 허동화, 『옛보ㅈ기』 (서울: 한국자수박물관 출판부, 1988), p.275.

【표 2】 보자기의 분류

구 분		내 용
계급	궁 보	궁중에서 사용했던 보자기로 직물의 질과 색상 및 꾸밈새에서 귀족 취향으로 화사하며 세련되었으며, 대개 끈이 한쪽 귀에만 달려 있어 세 귀를 접은 다음 끈으로 묶었음을 볼 수 있다.
	민 보	일반 서민들이 사용했던 보자기
구조	홑 보	홑겹으로 꾸민 보자기
	겹 보	안감을 대어 이중으로 꾸민 보자기
	솜 보	안에다 솜을 두고 겹으로 만든 보자기로 깨지거나 다치기 쉬운 물건을 보관하는데 사용하였는데, 특히 내보로 많이 쓰였으므로 끈이 없는 경우가 많다.
	누비보	솜을 두어 누벼서 만든 것으로 꾸밈새에 따라 누비 겹보와 누비 식지보로 구분한다. 누비 겹보로는 파손되기 쉬운 기물을 싸고, 누비 식지보는 음식물을 따뜻하게 보온해야 하는 겨울철에 사용했다.
	조각보	자투리 조각천을 이어 붙여 만든 보자기
	식지보	바탕천에 식지(기름종이)를 대거나 식지만으로 만든 식지보로 나뉜다.
문양	수보	바탕천에 수를 놓아 만든 보자기
	직문보	문양을 두어 짠 천으로 만든 보자기
	금박보	바탕천에 금박으로 문양을 찍은 보자기
	당채보	바탕천에 당채로 그림을 그려 넣은 보자기

구 분		내 용
용도	밥상보	여름용은 통풍이 잘 되도록 사지나 모시로 만들어 꼭지를 붙여 밥상에 덮어 파리나 먼지 등을 막았다. 겨울용은 두꺼운 천으로 겹보를 만들거나 솜을 두어 보온에 유의했다. 그리고 보자기의 네 귀에 끈을 달아 밥상을 옮기기 편리하도록 했으며 식지를 쓴 경우가 많다.
	이불보	일명 자리보라고도 하는데, 때가 덜 타고 눈에 잘 띄지 않게 하기 위해 아청색이나 검정색 무명과 굵은 모시 등을 주로 사용하여 만들었다.
	옷감보	옷감의 종류에 따라 싸두는 옷감과 같은 천으로 만들었다. 즉 비단은 비단 보자기에, 무명이나 모시는 무명이나 모시 보자기에 싸 두었다. 옷감보의 규격은 대체로 3~4폭이며 조각 천을 이용해서 만든 조각보가 많다.
	버선본보	버선본 주머니라고도 하는데, 반주머니 형태로 네 귀 중 두 귀는 접어서 꿰매고 두 귀는 매듭단추를 달아 끼우도록 했다. 이 속에 한지로 오려 만든 버선본을 보관했다.
	받침보	가락지, 골무 등 비교적 작은 물건을 보관해 두는 상자 속에 까는 것으로, 패물의 훼손을 방지하고 바닥 장식을 겸했다.
	횃대보	간짓대를 잘라 두 끝에 끈을 매어 방 벽에 매달아 옷을 걸 수 있게 한 것을 횃대라 하는데, 여기에 걸어 둔 옷가지를 덮는 데 쓴 커다란 보자기를 말하며, 장생문이나 화문 등을 수 놓아 장식했다.
	함보	혼례 때는 물론 일상생활에서도 많이 사용되었던 함을 싼 보자기로, 함 운반 시 훼손을 방지하려는 목적으로 썼다.
	목판보	음식을 담아서 보관하거나 나를 때 목판 위에 덮던 것으로서, 보자기 안쪽에는 반드시 식지를 대어 습기를 방지했다.
	반지그릇보	바늘, 실, 자, 가위, 인두, 골무, 다리미를 이른바 규중칠우라 하는데, 이것들을 보관하는 반짇그릇을 덮는 데 쓴 보자기를 말한다. 그릇 형태와 크기에 맞추어 만들며 수를 놓아 장식하기도 했고, 끈은 대체로 달지 않았다.
	혼례용보	혼례 때 사용했던 보자기로 기러기보, 사주단자보, 연길보, 예단보, 폐백보등이 있다.

5. 수저집(【그림 150～157】)

먹는 일은 삶에서 중요한 위치를 차지한다. 먹는 행위 자체에 지위와 신분의 높고 낮음이 있을 수 없으니 그것의 문화적인 표현 또한 마찬가지이다. 더불어 먹는 도구인 수저는 귀중한 것이어서 주머니를 만들어 보관했다.[142]

첫돌을 맞은 아이에게는 밥그릇과 수저 한 벌을 마련해주었는데 수저를 손에 쥐어 주는 것은 삶의 시작을 뜻했다. 유아 사망이 많던 옛날에는 돌이 지나야 비로소 한 생명으로서 인정되었다. 또 여자가 혼인을 하면 밥그릇과 수저를 본인과 남편 것뿐만 아니라 시부모의 것도 혼수로 가져온다. 즉 본인과 남편 것은 밥을 잘 먹고 백년해로하기를 바람이며, 시부모의 것은 봉양을 잘하겠다는 표시다. 이 밥그릇과 수저는 죽은 후에 소상(小祥)과 대상(大祥)을 지낼 때에도 생전과 똑같이 밥과 함께 상식(上食)을 올리는데 사용되었다. '밥숟가락을 놓았다'는 말은 생명이 다하여 죽었음을 뜻하고, '밥술이나 제법 뜬다'고 하면 잘 산다는 의미다. 수저를 너무 멀리 잡아 음식을 흘리는 것을 경계하여 '수저를 멀리 잡으면 시집을 멀리 간다'고 하였다.

수저는 생명을 상징하므로 수저를 넣어 두는 수저집에 십장생문, 연꽃, 모란꽃, 수복, 부귀, 다남 등의 길상문양과 문자를 수놓아 행운을 기원하였다(【그림 157～157】). 부녀자가 먼 길을 갈 때 요기가 될 마른 음식을 수저집에 넣어 허리에 차고 다니기도 하였다[143]고 한다.

유물에서 보이는 수저집의 형태는 직사각형의 주머니 형태로 크기는 대략 폭 9～10cm, 너비 26～28cm 정도이다.

---

142) 한영화, 『전통자수』(서울: 대원사, 1999), p.108.
143) 허동화, 『우리 규방문화』(서울: 현암사, 1999), p.118.

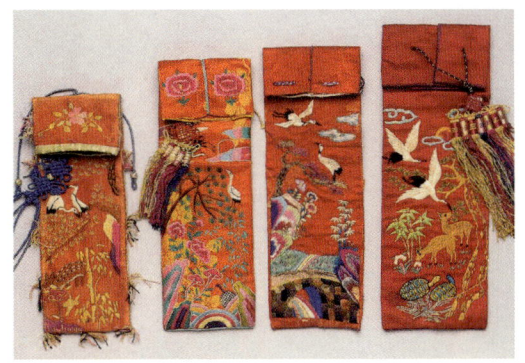

【그림 150】 수저집
소장: 성기희,한원희, 숙명여대박물관
출처:『韓國의 刺繡 어제와 오늘』, p.84.

【그림 151】 수저집
소장: 한원희
출처:『韓國의 刺繡어
제와 오늘』

【그림 152】 수저집
소장: 숙명여대박물관
출처:『韓國의 刺繡 어제와 오늘』, p.87.

【그림 153】 수저집
소장: 숙명여대박물관
출처:『한국의 옛주머니』, p.82.

【그림 154】 수저집
소장: 온양민속박물관
출처: 『한국의 옛주머니』

【그림 155】 수저집
소장: 국립민속박물관
출처: 『한국의 옛주머니』

【그림 156】 수저집
소장: 숙명여대박물관
출처: 『韓國의 刺繡 어제와 오늘』, p.81.

【그림 157】 수저집
소장: 석주선박물관
출처: 『한국의 옛주머니』

6. 향집(【그림 158~165】)

향집은 향을 몸에 지님으로서 향기를 풍기게 하는 귀족적인 느낌이 강한 장신구의 일종으로 의복에 패용함으로서 복식의 장식적 효과를 더해줄 뿐만 아니라 향긋하면서도 은은한 방향을 위시하여 약용 및 주술적 기능 등 다양한 성을 띤 장신구이다. 즉, 향집은 다양한 성격을 띤 장신구로서 그 기능을 발휘했는데, 향집 속에 넣었던 향은 단순히 향기를 낼 수 있는 향료자체로 쓰였던 것이 아니라 약용향으로 위급 시에 비상약으로서의 역할을 했으며, 향집의 형태, 문양, 색채, 재료, 향취 등에서는 주술적인 성향을 띠어 자연의 위협과 악령, 질병 등으로부터 보호받기 위한 호신부의 형태로 착용되었다. 또한 향수대용으로서 몸에 향을 지니기 즐겨했던 당시 여성들의 향료이용법으로 향집이 움직일 때마다 발산되는 부드럽고 은은한 향은 한층 기품 있는 멋을 돋보이게 했다.144)

향집의 형태는 향낭(香囊)과 향갑(香匣)으로 분류할 수 있는데, 향낭이란 '주머니 낭(囊)'자와 더불어 쓰여진 것으로 소위 향주머니를 일컫는다.

향낭(【그림 161~163】)은 의복의 색채와 어울리도록 공들여 꾸민 수향낭(繡香囊)과 갑사향낭(【그림 101, 102】)으로 구별되는데, 수향낭은 장신구로 옷 밖에 차고 갑사향낭은 겉옷 안에 찼다.145) 향낭은 주로 漢緞, 貢緞, 錦端 등을 가지고 향을 넣은 주머니를 만든 것으로, 그 색채는 초록, 양초록, 분홍, 다홍, 유청, 옥색 등을 사용하여 호화롭고 아름다웠으며 그 형태 또한 다양하였고, 여기에는

---

144) 이미석, "향(香)집에 관한 연구", (석사학위 논문, 숙명여자대학교 대학원, 1994), p.115.
145) 上揭書, p.44.

각종 문양을 공들여 수놓고 있어 더욱 장식미를 돋구어 주고 있다. 특히 향낭 중 가장 고귀하게 만들어진 것은 '진주낭자(眞珠琅子)'라고 하여 이것은 王妃 正裝에만 찼던 것이라 하는데, 국말 윤비(純宗妃: 純貞孝皇后)의 것을 보면 홍색 貢緞주머니 전면에 녹두알만한 아주 작은 진주를 수없이 금사에 꿰어 달고 있어(【그림 97】) 그 진주의 알들이 반짝이는 모습은 황홀한 정도였다 한다.146) 향갑(【그림 158～160】)은 대체적으로 형태가 정형적인 상자로 되어 있고 표면이 굳거나 딱딱한 재료로 만들어 졌거나 비단에 수를 놓아 마치 풀을 먹여 놓은 듯 네모반듯한 상자로 되어 있는 것도 볼 수 있다. 『끈목과 매듭』에 '香匣속에는 紅甲紗를 한 겹 곱게 바르고 그 속에 향을 꿰게 되어 있으므로 정교하게 透刻된 香匣의 紋樣 사이로 내비치는 다홍빛과 白玉이나 비취의 조화는 섬세한 圖案의 균형미와 더불어 고고한 멋을 돋보이게 한다'라고 설명하고 있거니와147), 匣의 겉은 金銀, 翡翠, 珊瑚, 玉, 瑪瑙, 密花, 鍍金 등으로 각종 吉祥紋을 곁들여 여러 가지 다채로운 모양으로 만들었고, 金絲로 엮어 만든 것도 있다. 香匣의 특징은 상하에 작은 고리가 있어 매듭의 상하단을 따로 맺고 香匣속으로는 多繪(끈)가 통과하지 못하게 되어 있으며, 하단부가 開閉式으로 되어 있다.148) 【그림 158】은 녹색 貢緞에 십장생을 수놓은 것으로 안에는 약용향이 들어있어 위급 시 향을 물에 우려 그 물을 마시게 하거나, 혹은 곱게 갈아서 물과 함께 마시게 하였다. 【그림 159】는 흑공단에 花鳥, 壽福을 수놓았으며 안에는 약용향이 들어있으며, 【그림 160】은 紅緞에 국화를 수놓아 약용향을 넣은 繡香집이다. 국화는 長壽花라는 뜻에서 여인들 장신구 사이에 애용되었다. 【그림 161】은 홍공단에 석류모양을 금사로

---

146) 유희경, 前揭書, pp.364～365.
147) 김희진, 끈목과 매듭(美術資料 第12號): 재인용 유희경, 前揭書, p.364.
148) 유희경, 前揭書, p.365.

수놓아 그 속에 향을 넣어 만든 繡香집으로 박쥐문양을 수놓은 뚜껑이 덮여 있다. 석류는 富貴多男을 뜻하여 생활용품이나 여인들의 장신구에 애용되었다. 【그림 162】는 흑공단에 매미 모양을 금사로 수놓아 향을 넣어 만든 繡香집으로 매미는 영생불멸을 상징하여 많이 애용되었으며, 【그림 163】은 박쥐모양을 수놓아 향을 넣어 만든 繡香집으로 박쥐는 福神의 使者로 여겨 吉兆의 상징으로 쓰였으며, 수향집 중앙에 金絲로 수놓은 壽字가 보이는데 長壽를 뜻하였다. 【그림 164】는 백말의 꼬리털로 네모지게 靑, 黃, 紅 三色의 배색을 넣어 정교하게 짜여진 속에 네모난 형태의 약용향이 들어있는 馬尾角香집이다. 【그림 165】는 黃馬尾로 엮은 香집에 藥用香이 들어있는 馬尾香집으로 여름철 生日이나 경사스러운 때 찼다.149)

---

149) 석주선, 『裝身具』, (서울: 단국대학교 출판부, 1981), pp.136~138.

【그림 158】繡향집
소장: 석주선 박물관
출처: 『裝身具』 p.81.

【그림 159】繡향집
소장: 석주선 박물관
출처: 『裝身具』 p.82.

【그림 160】繡향집
소장: 석주선 박물관
출처: 『裝身具』 p.85.

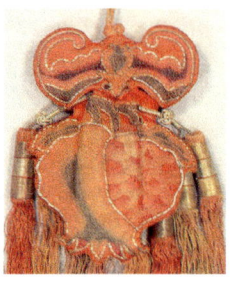

【그림 161】
繡석류향집
소장: 석주선 박물관
출처: 『裝身具』 p.77.

【그림 162】
繡매미 향집
소장: 석주선 박물관
출처: 『裝身具』 p.76.

【그림 163】
繡蝙蝠 향집
소장: 석주선 박물관
출처: 『裝身具』 p.83.

【그림 164】馬尾角향집
소장: 석주선 박물관
출처: 『裝身具』 p.74.

【그림 165】黃馬尾角香집
소장: 석주선 박물관
출처: 『裝身具』 p.75.

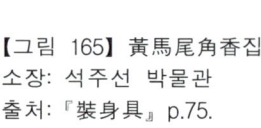

7. 버선본집(【그림 166～176】)

조선시대 버선을 만들기 위한 버선본을 넣어 두던 보자기로 각
식구마다 버선본을 보관하여 버선을 만들 때마다 간편하게 꺼내
어 사용했다.

버선본은 장지(壯紙)나 한지(韓紙)로 만들기 때문에 찢어지기
쉽고 더러워지기 때문에 곱게 보존하기 위하여 버선본집을 만들
게 되었던 것으로 생각된다. 버선본 주머니는 장방형의 형태로 두
귀는 맞대어 꿰매고 나머지 두 귀는 매듭단추를 달아 여미도록
꾸몄다.

【그림 166】 버선본집
소장: 한양대 박물관
출처: 『한국의 옛주머니』

【그림 167】
　버선본집(뒷면)
소장: 한양대 박물관
출처: 『한국의 옛주머니』

【그림 168】 버선본집
소장: 국립민속박물관
출처: 『한국의 옛주머니』

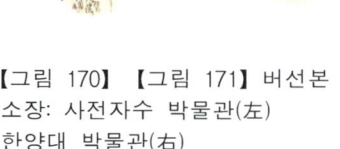

【그림 169】 버선본집
소장: 사전자수 박물관
출처: 삼성생명,
　　　『1997 CALENDAR』

【그림 170】【그림 171】 버선본
소장: 사전자수 박물관(左)
　　　한양대 박물관(右)
출처: 삼성생명, 『1997CALENDAR』
　　　『한국의 옛주머니』

【그림 172】 버선본집
소장: 숙명여대 박물관
출처:『韓國의 刺繡 어제와 오늘』p.93.

【그림 173】 버선본집
소장: 숙명여대 박물관
출처:『韓國의 刺繡 어제와 오늘』p.93.

【그림 174】 버선본집
소장: 이화여대 박물관
출처: 이화여대 박물관 특별전
　　　도록(23),『服飾』, p.98.

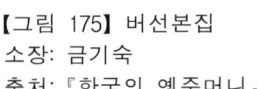

【그림 175】 버선본집
소장: 금기숙
출처:『한국의 옛주머니』

【그림 176】 버선본집
소장: 국립민속박물관
출처:『한국의 옛주머니』

8. 가위집(【그림 177】)

 바느질할 때 쓰는 가위를 보관할 때에도 정성을 다했다. 가위를 녹슬지 않게 하고 안전하게 보관하기 위한 용도로 쓰였다. 가윗집에도 여러 가지 길상문양을 수놓아 여인들의 염원을 담고 있다.

【그림 177】 가위집
소장: 국립민속박물관
출처: 『여성의 손끝으로 표
　　　현된 우리의 멋』, p.51.

9. 자집(【그림 178, 179】)

 자집은 재단할 때 늘 사용하여야 하는 자를 쉽게 찾을 수 있도록 일정한 장소를 지정하여 넣어 두기 위한 목적으로 만들어 사용하였다.

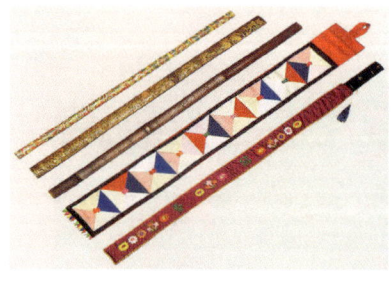

【그림 178】 자집
소장: 국립민속박물관
출처: 『여성의 손끝으로 표현된
　　　우리의 멋』, p.51.

【그림 179】 자집
소장: 숙명여대 박물관
출처: 『숙명사랑기증전』, p.50.

10. 안경집(【그림 180~185】)

우리나라가 안경을 비로소 알게 된 것은 1591년의 일이다. 즉 이수광의 『지봉유설(芝峰類設)』 제19권을 보면 임진왜란 때 명나라 고관 심유경(沈惟敬)과 일본 승려 현소(玄蘇)가 모두 늙었는데도 안경을 썼기 때문에 잔글씨를 거뜬히 보아 넘기는데 좌중이 놀라고 이는 우리나라에서 일찍이 겪지 못하던 일이라고 우리 조야(朝野)가 감탄했다는 것이 이 땅에 안경이 알려진 계기이다. 이때의 안경은 그 알이 수정(水精)으로 되어있고 그 테두리가 조개껍데기로 되어있었다. 이렇게 해서 우리나라가 안경을 사용하게 된 것은 조선시대 선조(宣祖) 이후부터이며 경종(景宗) 3年(1723)에 이르러서야 일반에게 어느 정도 보급되었다. 안경이 유행하기 시작한 조선 말기에는 개화파들이 멋으로 끼기도 하였다. 안경집은 피혁(皮革), 어피(魚皮), 비단, 수(繡) 등으로 만들었는데, 상(喪)을 입으면 소목(素木)이나 베로 안경집을 만들어 찼다.150)

이규경(李圭景)은 『오주연문장전산고(五洲衍文長箋散稿)』 9권에 안경을 애체(靉靆)라 기록했는데, 중국에 안경을 들여 온 네덜란드 상인의 이름이었다. 주로 영·정조(英·正祖)시대에 중국서 약재(藥材)와 함께 제2품으로 안경이 들어왔다. 원당(阮堂)은 극상품의 수정안경을 구해 '낮에도 훤히 별을 본다'고 자랑하다 왕에 바쳤다. 헌종(憲宗 1835~1847)의 외삼촌 조병구(趙秉龜)는 눈병에 걸려 연경(煙鏡: 선글라스)을 쓴 채 헌종 옆을 지나다 '외숙(外叔)의 목엔 칼이 닿지 않을까?'라는 꾸지람을 듣고 자결하고 말았다.

또한 고종 28년(1891년) 일본 전권 공사 대석정기(大石正己)가 안경을 쓴 채 알현했다가 불경(不敬)이라 항의를 받았다. 일본이 이

---

150) 석주선, 前揭書, p.193.

를 묵살하자 통역이던 현영운(玄暎運)이 유죄(流罪)를 당했다.[151]

안경 쓴 우리나라 사람의 모습은 김득신(金得臣 1754~1822)의 밀희투전(密戱鬪牋)에 처음 보이며 황현의 초상화(1911년 祭龍臣筆)가 있다.

1910년 사진첩에는 잡화점(雜貨店)과 노점(露店)에서 안경과 안경집을 팔고 있고 성장한 기생이 안경을 손에 들고 찍은 사진도 있다. 이와 같이 안경은 1910년 이전에 서민층에도 널리 보급되었으나 웃어른 앞에서는 불경스러운 것으로 여겨져서 젊은이가 어른 앞에서 안경을 쓸수 없었다.

이 당시 안경은 작은 원형의 돋보기이며 다리가 한번 접혀진다. '동그란 돈짝 크기의 안경 속에 파란 눈이 빤짝인다'는 표현 속에 작은 안경의 크기를 짐작할 수 있다. 반면 서양의 젊은이가 안경을 쓰고 단장을 휘두르는 희극이 유행된 적이 있어 안경을 개화경, 지팡이를 개화장이라고 불렀다.[152]

11. 매듭단추(【그림 186~192】)

매듭단추는 끈으로 매듭을 맺은 단추로 끈 하나로 연봉매듭의 기법을 이용하여 콩알보다 약간 큰 매듭을 맺고, 다른 한쪽은 하나의 끈으로 고리를 만들어 서로 끼우게 되어있다. 통일신라시대 단령(團領)의 전래와 함께 전해진 것으로 보고 있는데[153] 국말에 접어들어 단추의 간편함으로 인해 흔히 여름철 적삼에 옷고름 대

---

151) 이명섭 박사, 안경사: 재인용 金美子, 개화기(開化期)의 여자복식과 사상(思想)에 관한 연구(서울여자대학교 논문집, 제18호, 1989, 7), p.411.
152) 上揭書, p.411.
153) 김영숙(編著), 前揭書, p.151.

신으로 이용하게 되었다.[154] 또한 생활소품에도 장식을 겸한 여밈 단추로 쓰인 걸 볼 수 있는데 버선본(【그림 166~176】)에서 많이 볼 수 있다.

12. 쌍밀이단추

쌍밀이단추는 주로 이음선이 만나는 홈이나 트임의 끝부분에 붙여 실용과 장식을 겸하여 쓰였는데, 특히 조각보에서 많이 볼 수 있다. 【그림 124, 125, 127, 130】을 보면 전체적으로 사각형 혹은 대각선을 이루는 모서리마다 달린 것을 볼 수 있는데 겹보 의 경우 안감과 겉감을 고정시켜주는 역할까지 하고 있어 장식과 실용을 겸하고 있다 하겠다.

---

154) 유희경, 前揭書, p.368.

【그림 180】 안경집
소장: 사전자수 박물관
출처: 삼성생명, 『1997 CALENDER』

【그림 i81】 【그림 182】 안경집
소장: 숙명여자대학교 박물관
출처: 『韓國의 刺繡 어제와
　　　오늘』 p.73.

【그림 183】 안경집소장: 이화여대박물관, 출처: 이대박물관
　　　　　특별전도록(23), 『服飾』 p.43.
【그림 184】 안경집소장: 숙명여대 박물관, 출처:『韓國의 刺
　　　　　繡 어제와 오늘』, p.72.
【그림 185】 안경집소장: 국립민속박물관, 출처:『한국복식2
　　　　　천년』 p.363.

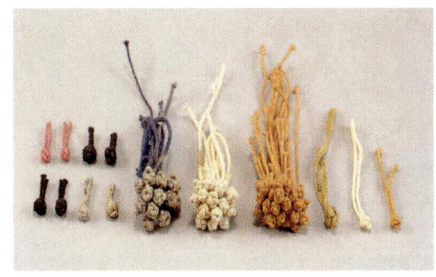

【그림 186】 매듭단추
소장: 국립민속박물관
출처:『한국복식2천년』p.166.

【그림 187】 매듭단추
소장: 석주선 박물관
출처: 삼성생명,
　　　『1997CALENDAR』

【그림 188～190】 매듭단추
출처: 유희경,『한국복식사연구』
　　　슬라이드

【그림 191】 매듭단추
소장: 숙명여대 박물관
출처:『韓國의 刺繡 어제와 오늘』p.91.

【그림 192】 쌍밀이 매듭단추
출처: 이화여대 특별전도록(23)『
　　　服飾』, p.14.

13. 쌈지(【그림 193~196】)

쌈지는 담배 또는 부싯돌 등을 싸서 가지고 다니는 주머니로 기름종이, 가죽, 헝겊 등을 이용하여 만들거나 색실로 누벼 만든 것도 있다.

【그림 193】 담배쌈지
소장: 이화여대 박물관
출처: 『한국의 옛주머니』

【그림 194】 쌈지
소장: 국립민속박물관
출처: 『한국의미』 p.84.

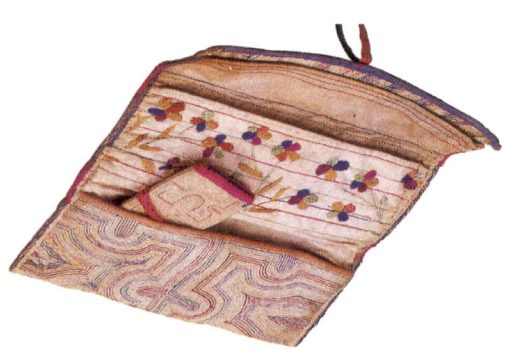

【그림 195】 쌈지
소장: 사전자수박물관
출처: 『우리규방문화』 p.312.

【그림 196】 쌈지
소장: 국립민속박물관
출처: 『한국복식2천년』 p.167.

14. 열쇠패(【그림 197~201】)

열쇠패는 실용보다는 벽사(辟邪)의 의미로 많이 사용되었다. 딸이 결혼할 때 주기도 했으며 장식적인 용도로 쓰였다.

【그림197~199】 열쇠패소장: 숙명여대 박물관
출처:『韓國의 刺繡 어제와 오늘』, pp.66~68.

【그림 200】 열쇠패
소장: 숙명여대 박물관
출처:『韓國의 刺繡 어제와 오늘』, p.67.

【그림 201】 열쇠패
소장: 숙명여대 박물관
출처:『韓國의 刺繡 어제와 오늘』 p.68.

제3절 침선소품에 나타난 색상과 문양

1. 색상(色相)

색채는 어느 시대를 막론하고 인간의 미적 표현욕구와 그 시대
인의 감정 및 시대의식을 잘 표현하여준다. 이러한 색채는 각 시
대마다 또는 국가의 형성에 따라 다르게 나타나는데 이것은 그
시기에 중요한 것으로 생각하였던 내용들이나 사상에 따른 미적
감정이 색으로 표현된 것이라고 하겠다. 즉 색은 단순히 색 자체
만을 의미하지 않으며 여러 가지 철학사상과 결합하여 나타난
다.155)

이렇게 색의 취향은 시대적인 여건에 따라 변화되는 면이 있는
반면 관습적인 기호색이 있다. 이것이 전승의 성격으로 이어지는
전통색이다. 우리나라 역시 전통적 색채 사용은 다섯 가지의 색채
로서 가시적인 것보다 관념적인 것을 더 반영하고 있다.156)

조선시대에는 우주의 생성원리를 음양에 기본을 두고 그 운용체
계를 밝히고 있는 음양오행사상(陰陽五行思想)이 민족적 정서와 융
합되어 생활의 표현으로 나타나고 있다. 오행의 하나하나에는 음과
양의 두 기운이 모두 포함되어 있는데 오행사상에는 우주나 인간
사회의 모든 현상이 이러한 오행의 원리에 의해 지배되고 있다고
보며, 색상에 있어서는 적(赤), 청(靑), 황(黃), 백(白), 흑(黑)을 오
행의 각기운과 직결된 다섯 가지 기본색이라 하여 오색(五色) 또는
오채(五彩)라 불렀다.157)

---

155) 김영자, 『한국의복식미』 (서울: 민음사, 1992), p.109.
156) 김영숙, "한국복식사에 나타난 전통색 연구", (박사학위논문, 숙명
    여자대학교 대학원, 1988), p.8.

적색(赤色)은 태양, 불, 혈액의 색으로 원시시대로부터 자연발생적으로 중요한 색으로 간주되었으며, 만물이 무성하여 양생기가 왕성한 남방을 의미하였다. 그리고 적극적이며 능동적인 색으로 만물을 생산하는 양에 속하는 색을 뜻하였다. 청색(靑色)은 계절로는 봄에 해당하며, 오행 중 木으로 하늘과 무성한 식물 등을 상징하는 색이다. 황색(黃色)은 오색의 중심색으로 오색 중 가장 고귀한 색으로 인식하였다. 백색(白色)은 빛을 상징하여 태양을 숭배하는 민족은 모두 흰색을 신중하게 여겼다. 또한 흰색은 순결, 청렴 등을 상징하며 우리 민족의 심성과 기질에 부합되어 한민족의 대표색으로 일컬어지고 있다. 흑색(黑色)은 오행 중 水로서 위에서 아래로 흘러가고 스며들기를 좋아하는 물과 같이 음유(陰柔)한 성질을 가지고 있다.158)

또한 오행설에는 정색(正色)과 간색(間色)이 있는데, 정색(正色)은 赤, 靑, 黃, 白, 黑의 오색(五色)을 말하며 양(陽)이다. 간색(間色)은 정오색(正五色)의 배합에 의해 만들어진 색으로서 벽(碧), 녹(綠), 유(驦), 자(紫), 홍(紅)의 五色을 말하며 음(陰)이다.159) 이러한 五方色은 역귀(疫鬼)를 쫓을 때 사용되었고 五方色 중에서도 양기(陽氣)가 왕성한 赤靑色이 민간신앙에서 양귀법으로 등장하였다. 귀신은 양성이기 때문에 양성인 남자에게 보다는 여자에게 부착하는 수가 많고 거처도 광명이 잘 쪼이는 양지보다 음습한 곳에 있다고 여겼으므로 우리 민속에 가장 많이 사용된 색채가 적(赤)이고 그 다음이 청(靑)인 사실은 주술적 측면에서 볼 때 자연스럽게 이해된다.160)

157) 강윤숙, "복식에 나타난 오행색 의미에 관한 연구", 『복식』 제20호, 1993, p.9.
158) 上揭書, pp.13～14.
159) 이선재, 前揭書, p.46.
160) 上揭書, p.60.

조선시대 색의 명칭을 보면 "치(緇), 현(玄), 소(素), 강(絳), 비(緋), 훈(纁), 진(縉), 표(縹), 추(緅), 참(黲) 등을 기본색으로 하다가 점차 염색이 발전되면서 중간색이 늘어나 연두색(軟豆色), 초록색(草綠色), 다황색(茶黃色), 진황색(眞黃色), 일남색(日藍色), 남송색(藍松色), 양남색(洋藍色), 반물색, 옥색(玉色), 청색(靑色), 진분홍색(眞粉紅色), 송화색(松花色), 백색(白色), 양초록색(洋草綠色), 양옥색(洋玉色), 자적색(紫赤色), 취월장색, 희보라색, 남색(藍色), 분홍색(粉紅色), 자색(紫色), 아청색(鴉靑色), 재색(灰色), 유록색(柳綠色), 두록색(豆綠色), 황색(黃色), 담황색(淡黃色), 압두록색(鴨豆綠色)"161) 등 다채로운 색깔이 많이 보인다.

『閨閤叢書』에는 자적색(紫赤色), 남색(藍色), 옥색(玉色), 초록(草綠), 두록(豆綠), 팥유청, 지초보라, 목홍, 반물, 번루, 회색(재빛), 타색(駝色, 약대빛), 진홍162)등의 기록이 보인다.

침선소품류에 나타난 색채역시 우리의 전통적인 색채관이 음양오행설에 근거한 오방색이 두드러지게 나타나는데, 당시 염료나 옷감이 귀하였으므로 침선소품류들은 대개 의복 등을 짓고 남은 자투리천을 모았다가 사용했을 것으로 본다. 따라서 그 당시 의복색과도 일치한다고 볼 수 있다.

골무(【그림 45~49】)에 나타난 색채로는 청, 황, 백, 적, 흑의 오색(五色)을 기본으로 하여 분홍, 연두, 자주색 등이 나타나고 있으며, 주로 난색계통이 많은걸 볼 수 있다. 또한 앞, 뒤판의 천 색상을 다르게 해서 만든 것이 보이며, 가장자리 사뜨기 실도 앞, 뒤판 천과 대조되는 색을 사용하여 장식적인 효과를 더하였다. 또한 바탕천과는 다른 색실로 상침하거나 다양한 색실로 수를 놓아 장식적인 요소가 돋보였다.

---

161) 석주선, 前揭書, p.148.
162) 빙허각이씨, 정양완(譯), 前揭書, pp.147~154.

바늘집(【그림 90~94】)과 바늘꽂이(【그림 82~88】)의 색채 역시 오방색을 기본으로 하면서, 원색과 중간 색조를 잘 조화시켰다. 적색, 황색, 흰색, 분홍, 보라, 자주 등의 색상을 볼 수 있다.

주머니(【그림 95~114】)에서는 음양오행사상에 근거한 색채감정이 그대로 드러났는데 그 예가 오방낭자(【그림 98】)이다. 오방낭이 아닌 대부분의 주머니는 자수 주머니로서 단색의 천을 사용한다 하더라도 자수의 색상으로 다양한 변화를 주었다. 자수가 없는 경우에는 매듭끈, 안감과 겉감, 앞면과 뒷면 등의 색상을 달리함으로서 다양한 색채 조화를 보이고 있다. 주머니의 색채로는 적색이 가장 많이 나타났으며, 황색, 청색, 연두색 등이 나타났다.

보자기(【그림 115~149】)에 나타난 색채를 보면 백색, 적색, 황색, 청색, 갈색, 자색, 연두, 옥색, 분홍 등으로 나타나고 있어 보자기 역시 음양오행사상이 반영되고 있음을 알 수 있다. 수저집(【그림 150~157】)에 나타난 색상은 주로 적색이 많았으며, 향집(【그림 158~165】)에서는 적색, 황색, 청색, 흑색 등이 나타났으며, 버선본집(【그림 166~176】)에서 역시 적색계통이 가장 많이 나타났다.

가위집(【그림 177】), 자집(【그림 178~179】)에서는 색동의 배합을 하고 있어 이 역시 오방색을 근거로 한 것을 알 수 있다. 안경집(【그림 181~186】)에서는 황색, 청색, 주홍, 연두색등을 볼 수 있었고, 매듭단추(【그림 187~192】)는 적색, 황색, 청색, 분홍색이 쓰였다. 쌈지(【그림 193~196】)에서는 바탕색을 황색으로 하고 여기에 청색, 적색의 색실로 수를 놓았으며, 열쇠패(【그림 197~201】)는 주로 적색에 황색, 청색, 연두, 분홍 등으로 장식을 더하고 있었다.

이와 같이 침선소품류에 나타난 색상은 적(赤), 청(靑), 황(黃), 백(白), 흑(黑)등의 오방색을 근거로 하고 있었으며, 이중에서도

적색이 가장 많이 나타났는데, 이는 적색이 양기가 가장 왕성하여
액의 접근을 막으려 한 벽사의 의미로 사용된 것으로 보인다. 또
한 오방색 이외에 연두색, 분홍색, 초록색, 옥색, 자주색, 자색 등
의 중간색이 나타나고 있는데 이것은 점차 염색법이 발달하여 중
간색을 많이 낼 수 있었기 때문으로 보인다.

2. 문양(紋樣)

문양은 개인의 주관적인 사상과 정서를 표현한 것이 아니라 그
문양이 존재했던 시대 사람들의 집단적인 가치와 내면적 세계를
상징으로 표현한 것이라 할 수 있다.163) 따라서 침선소품류에 나
타난 문양 역시 당시 여성들의 가치와 내면적 세계가 표현된 것
이라 할 수 있겠다.

골무(【그림 45~49】)에 나타난 문양은 대부분 소박하고 길상
(吉祥)의 뜻을 지닌 식물문(植物紋)이 많으며, 그중에서도 특히 수
(繡), 복(福), 다남(多男)을 상징하는 석류와 매화(梅花), 불로초(不
老草)와 여러 가지 화문(花紋)이 많이 나타나고 있다. 바늘집(【그
림 90~94】)과 바늘꽂이(【그림 82~88】)에 나타난 문양으로는 모
란문(牧丹紋), 나비문(胡蝶紋), 석류문(石榴紋), 천도문(天桃紋) 등
이 나타났다.

모란문(牧丹紋)은 그 색채와 더불어 모양이 크고 화려하여 화중
왕(花中王)으로 불리웠으며, 그로인해 부귀를 상징하여 부귀문(富
貴紋)이라 불리웠다. 신라(新羅) 선덕여왕 시 당(唐)으로부터 전해
진 것으로서 부귀영화나 길상의 문양으로 사용되었다.

---

163) 허균, 『전통문양』 (서울: 대원사, 1995), p.11.

나비문(胡蝶紋)은 창조를 뜻하며 인간이 영원히 추구하는 변신의 상징으로 새로운 삶을 상징하였으며, 지배계급보다는 서민층이나 부녀자들이 애용했던 화려한 문양으로 단독으로 쓰이기보다는 다른 길상문과 결합하여 길상적 의미를 강조하였다.164)

석류(石榴紋)는 탐스러운 씨가 풍부한 시각적인 감정에 의해 문양화한 것으로 다남(多男)의 대표적인 소재이며165), 다른 열매와는 달리 열매가 한 덩어리로 뭉쳐 있어 자손이 흩어지지 않고 뭉쳐 의 좋게 지낸다는 바램에서 많이 사용되었다.

천도(天桃紋)는 3천 년 만에 한 번 꽃이 피고 3천 년 만에 열매를 맺는다는 중국의 서왕모신화(西王母神話)로 장수의 표상으로 애용되었다.166)

보자기에서는 수보(繡褓)(【그림 136~139, 그림 143~145】)에서 문양을 볼 수 있는데, 수보(繡褓)에 나타난 문양들로는 목단(牧丹), 국화(菊花), 매화(梅花), 수목(樹木), 조류(鳥類), 충류(蟲類) 등이 나타났으며, 사실적 묘사(【그림 143~145】)와 비사실적 묘사(【그림 136】)로 문양을 표현하고 있는데, 사실적 묘사는 전통 자수의 기법을 그대로 고수하고 있으나 비사실적 묘사는 도안을 추상화시켜 색실로 반복해서 면을 메꿈으로서 특유한 멋을 지니고 있다.

주머니(【그림 95~114】), 수저집(【그림 150~157】), 향집(【그림 158~165】), 버선본집(【그림 166~176】), 안경집(【그림 181~186】), 자집(【그림 178~179】), 열쇠패(【그림 197~201】) 등에

---

164) 김수석, "한국적 문양의 고찰과 조형적 분석", (숙대 창립 30주년 기념논문집 제7호, 1968), p.42.
165) 정현주, "조선시대 복식문양 연구", (석사학위논문, 숙명여자대학교 대학원, 1988), p.16.
166) 국립민속박물관, 『여성의 손끝으로 표현된 우리의 멋』 (서울: 신유문화사, 1999), p.132.

나타난 문양의 종류는 크게 동물문, 식물문 중심의 자연문과 길상어문(吉祥語紋), 기하학문 등으로 나눌 수 있으나 좁은 공간에도 불구하고 거의 단독형태로 사용되지 않고 한 공간에 여러 종류의 문양이 복합적으로 조화를 이루며 나타났다.

주머니, 수저집, 향집, 버선본집, 안경집, 자집, 열쇠패에 나타난 문양 중 가장 대표적인 예는 오복(五福)을 담은 꽃광주리에서 피어난 추상적인 꽃가지와 꽃송이의 표현, 꽃무늬와 함께 등장하는 새와 나비, 그리고 장수를 의미하는 십장생문이다. 이러한 무늬들은 소박한 자연주의적 성격을 보이며 수(壽), 복(福), 부(富), 귀(龜), 강(康), 녕(寧), 희(囍) 등의 길상어문과 수복강녕(壽福康寧), 다남(多男), 부귀다남(富貴多男)등의 연속된 문자도 있었다.167)

이러한 길상어문(吉祥語紋)은 단순히 길상적 내용만을 전달하는 데 그치지 않고 장식적으로 처리, 표현되었으며 길상사상(吉祥思想)이 유행하고 문자를 숭배하던 조선시대에 와서 성행하였다.

장수의 의미를 수(壽)자를 문양화 하여 직설적 표현으로 사용하기도 했고, 이와 함께 장수의 상징들인 해(日), 바위(石), 물(水), 소나무(松), 대나무(竹), 불로초(不老草), 학(鶴), 사슴(鹿), 거북(龜), 구름(雲) 문양이 많이 나타났는데, 이는 장수에 대한 간절한 염원이 표출된 것이라 하겠다. 부귀를 나타내는 모란문(牧丹紋다), 다자다복(多子多福)을 상징하는 연꽃문(蓮花紋), 다남(多男)을 상징하는 석류문(石榴紋), 절개를 상징하는 국화문(菊花紋), 매화문(梅花紋)도 길상의 의미를 나타낸 것들이다. 그 외에도 복(福과) 다산(多産)을 상징하는 박쥐문(蝙蝠紋), 부부화합을 나타내는 원앙새, 다남(多男)을 의미하는 석류 등 자손이 번창하고 부귀영화(富貴榮華)를 누리며 장수(長壽)하고 싶어 하는 현실위주의 길상사상(吉祥思想)이

---

167) 심미경, "조선왕조 후기의 노리개에 관한 연구", (석사학위논문, 서울여자대학교 대학원, 1982), p.84.

문양으로 표현되어 주술적 의의를 한층 강화시킨 것을 알 수 있다.

따라서 침선소품류에 나타난 문양의 상징은 오래 살겠다는 장생(長生)에의 집착과 아들을 많이 낳기를 염원하는 다남(多男)사상, 좀 더 잘살겠다는 다복(多福)에의 욕구, 그리고 이러한 기본집착을 방해하는 액(厄)의 접근을 막으려는 벽사(辟邪)의 의미가 포함된 것이라 할 수 있겠다.

제4장 침선소품(針線小品)의 재현과 응용

본 장에서는 첫째, 침선소품류를 재현하고 응용하기 위해 조선시대 침선소품류 중에 나타난 소재와 염색기법, 침선기법을 알아보았으며, 둘째, 침선소품의 재현에서는 전통소품전문점에 대한 시장조사 결과 현재 응용의 여지가 높다고 생각한 골무, 바늘꽂이, 염낭, 귀주머니, 약주머니, 조각보와 예단보, 버선본집, 수저집을 본인이 임의로 선정하여 실제로 제작 하였다. 셋째, 침선소품의 응용에서는 현재 상품화 되어 있는 침선소품류를 조사하였으며, 본인이 창작한 침선소품을 제시하였다.

제1절 침선소품의 소재(素材) 및 기법

본 절에서는 조선시대 침선소품류에 나타난 소재 중에서, 본인이 실제로 소품제작에 사용한 손무명, 삼베, 모시, 견(명주, 숙고사, 갑사, 양단, 운문단, 모본단)에 대해 살펴보았다.

1. 소재(素材)

고려시대에 문익점이 면종자를 들여옴으로서 조선시대에는 마(麻), 면(綿), 견(絹), 모(毛) 등 모든 섬유의 직물이 짜여지게 되었다. 조선전기의 염직업(染織業)은 관장제 수공업[168]으로 발전되었으

---

168) 『經國大典』에는 慶工匠과 外工匠이 있는데 京工匠은 王과 귀족들

며, 민간차원의 염색은 자급자족의 목적으로 소규모로 이루어졌다. 중기 이후 시전(市典)과 장시의 발달과 함께 모든 분야의 관장제 수공업은 점차 약화되었고, 직조와 염색도 민간 수공업으로 전환되어 사장(私匠)에 의한 전업적인 형태로, 혹은 민간에서의 부업적 목적이나 자급자족의 목적으로 이루어졌다.169)

　이처럼 민간 수공업으로서 염직이 싹틀 무렵, 임진왜란과 병자호란을 겪으면서 극도로 어려워진 경제사정은 염직업을 침체의 늪으로 빠져들게 하였다. 그 후 현종은 상의원에서 금(錦)의 제직을 금지하였고, 영조는 상의원의 직기를 철폐하여 유문단 제직을 금지하는가 하면 사직기는 즉시 철거하라는 금령을 내리는 등 끊임없는 문직물 금지 때문에 관(官) 중심의 염직업은 더욱 침체의 늪을 벗어나지 못하였다. 이러한 국가 정책 속에서 직조와 염색은 민간 중심으로 한국인의 정서에 맞는 소박하고 단아한 모습으로 부흥하게 되었다.170)

　조선시대 후반 정조 이후 서양과의 개국과 쇄국의 충돌, 고종의 개국이래로 영국, 일본, 프랑스의 직물들이 들어오게 되었다. 1885년에는 조정안에 직조국(織造局)을 설립하였고, 1890년에는 유럽에

　　　의 所用品을 제조하는 곳이었고 外工匠은 지방관사에 속하여 있는
　　　것이었다. 京工匠에는 綾羅匠, 紡績匠, 毛衣匠, 氈匠, 紗帽匠, 金箔
　　　匠, 靑染匠, 紅染匠, 草染匠 등이 있었다. 그리고 태종 16년(1416
　　　년)에는 段子織造色이 설치되었고 연산조 10년(1504년)에는 通織
　　　을 설치하여 藍織官, 織造匠, 引紋匠, 執經匠, 執緯匠, 染匠을 설치
　　　하였다.
169) 李文垣, "李朝時代의 衣料生産에 關한 考察", (숙명여자대학교 아
　　　세아여성연구 제1집, 1962), p.34.
　　　조선시대는 유교사상의 영향으로서 여성에 대하여 독자적인 사회적
　　　경제적 지위를 박탈하였기 때문에 여성의 대표적인 의료생산은 언제
　　　나 농가의 부차적인 형태에 만족하였으며 순수한 가내 수공업의 영
　　　역을 벗어나지 못하였다.
170) 『秋官志』 제4편, 掌禁部 信章 및 『영조실록』 권 37, 영조 10년 2
　　　월: 재인용 국립민속박물관, 『한국복식2천년』, p.199.

서 직기를 들여왔다.[171]

1) 손무명[172]

열악한 서민들의 의생활 속에 고려말기 문익점에 의해 솜과 무명의 원료가 되는 면종자가 도입된 것은 우리나라 의생활의 일대 혁명이라 아니할 수 없다. 1364년 문익점에 의해 도입된 면 종자는 그의 장인 정천익(鄭天益)과의 협력으로 재배에 성공하였고 胡僧 弘願의 도움으로 면포(棉布)의 직조술을 익혀 비녀(婢女)로 하여금 한필을 짜도록 함으로써 우리나라에서 무명이 태동하게 되었음은 잘 알려진 사실이다.

이렇게 시작된 면업은 그 지방을 중심으로 싹트기 시작하였으나 당시는 정치, 사회적 혼란기로서 국가로부터 어떠한 권장정책의 시행도 없었기 때문에 면직물의 생산은 극히 소규모로 이루어졌던 시작단계를 벗어나지 못하였다. 고려 우왕(禑王) 13년(1387) 2월에 명과의 교역에서 고려의 말을 수출하는 대가로 면포(棉布)와 단자(段子)를 받았는데, 고려 말 1필에 면포 8필과 주단 2필씩으로 교환되었다. 이때는 면종자가 도입된 지 20여 년이 경과한 시기로, 아직까지 면직물은 수출품목이 아니었고 비단류와 같이 명으로부터 수입 품목이었다. 더욱이 공양왕(恭讓王) 3년(1391)에 中郎將 房士良이 올린 시무 11조 가운데 제2조에 의하면 우리나라에서 나는 토산물은 주(紬)나 저마포(苧麻布) 이므로 이를 사용해야 한다고 하였으니 목면은 아직 주(紬), 저(苧), 마(麻)처럼 우리 토산물로서 독자적인 위치를 차지하지 못하였음을 알 수 있다.[173]

---

171) 국립민속박물관,『한국복식2천년』(서울: 신유문화사, 1997), p.195.
172) 손무명은 손으로 짠 좁은 폭의 무명을 말하며, 손으로 짜기 때문에 표면이 거칠고 투박하여 자연스러운 맛이 있다.
173) 조효숙, "조선전기 면직물 발달에 관한 연구",『복식』제45호,

그러나 조선시대가 시작되면서 국가에서는 견직물에 비하여 생산이 용이하고 실용적인 면직물의 중요성을 절감하고 생산을 장려하는 정책을 펼쳤다. 국가에서는 목면종자를 도입한 문익점의 공덕을 높이 평가하여 파격적으로 우대하였다.174) 세종대에는 경상도는 물론 전라도와 충청도의 삼남지방에 확신되었으며, 계속되는 면업의 확산으로 삼남지방 일대에서 면포는 기존의 전통 의료인 마포의 자리를 빼앗고 보편적인 의료로 인식되었다. 조선전기의 면직물 생산방식은 견직물이 관(官) 주도에 의한 관장제 수공업 중심으로 발전해 왔던 것과는 달리 농촌의 가내수공업으로 중요한 자리를 차지하게 되었다. 태종대까지 면직물의 생산은 국가의 장려 속에서 농민의 자체수요와 공물을 충당하기 위해서 시작되었다. 그러나 세종대부터는 면직물을 자급자족의 목적만으로 생산한 것은 아니었으며 극히 소량이지만 상품의 역할도 하게 되었다.

세종의 적극적인 면업 활성화 정책으로 세종 이후 임진왜란 이전까지의 기간 동안 면직물 생산은 장족의 발전을 보게 되어 면업은 염업, 광업과 함께 조선시대의 3대 기간산업의 하나가 되었다.175) 면직물 생산은 급속한 속도로 성장하여 남쪽지방에서는 물

1999, p.43.

174) 문익점이 죽은 이듬해인 太祖 7년(1399)에 그의 공로를 높이 평가하여 參知議政府事 藝文 官提學 同知春秋館事 江城君으로 贈織하였으며(太祖實錄, 권14, 태조7년 6월 정사), 2년 후 太宗 원년(1401)에는 그의 아들 中庸에게 正三品인 司憲監察을 수여하였다. (태종실록, 권1, 태종 원년 윤 3월경인) 또한 동왕 10년(1410)에는 司諫院이 올린 시무 8조 중에 '위로는 鄕土에서 아래로 서민에 이르기까지 上衣下裳의 의료로 쓰이는 무명을 보급한 문익점의 공로를 다시금 높게 평가하여 사당을 세우고 祭田을 지급하자는 건의가 나오기까지 하였다.(太宗實錄, 권19, 태종10년, 4월 갑진) 이와 같이 문익점의 공로에 대한 표창은 그 당시 비로소 목면이 널리 재배되어 국민생활에 편리를 도모하고 국가에 많은 이익을 주어기 때문임을 쉽게 추측할 수 있으며, 아울러 면업을 장려하는 국가정책을 보여준다고 하겠다.

론 북방지역까지 확산되었으며 대외교역에 있어서 대표적인 수출
품목으로 자리를 굳혔고 화폐의 대용으로까지 될 정도로 중요한
산업이었다.176)

이와 같이 조선시대에 들어서 면업은 짧은 기간 동안 급속히
발전 성장하여 오랜 전통을 이어온 마직업의 위치를 대신하게 되
었고, 견직업과 함께 조선시대 직물산업에서 양대 산맥을 이루게
되었다.

다른 직물도 마찬가지이지만 면직물의 제직에 있어서도 목화
(木花)의 씨를 뿌리고 김을 매는 것을 제외하고는 목화솜을 따고
씨를 빼고 솜을 타고 실을 뽑아서 무명을 짜는 것은 모두 여자의
일이었다. 농가에서 필요로 하는 현금은 이 무명을 팔아서 충당하
였고 또한 농사를 하여 부자가 되는 경우에도 여자들의 길쌈에
힘입은 바가 컸다고 한다.

목화 재배를 특별히 많이 하는 지역들이 예부터 알려져 있었다고
하며, 직조기술로 뛰어난 고장은 특히 세포(細布)의 생산으로 유명
한 전라도 나주(羅州)177)의 샛골나이(샛골목)가 있다.

무명은 짧은 섬유를 모아 이어 실을 자아 베틀에서 짜낸 것으
로 그 표면의 질감이 다양하며, 섬유의 천성이 온화하고 기교가

---

175) 유희경, 前揭書, p.395.
    세종7년(1425)에 편찬된 『경상도지리지』에 의하면 경상도의 109
    개 군현 중에 88곳에서 밭을 경작하는 세금으로 면직물을 납부하
    였고, 83곳에서 원료가 되는 목화를 납부하였을 정도로 세종대에
    접어들어 경상도 대부분의 지역에서 목화와 면직물이 생산되었다.
    그 후 7년 뒤에 편찬된 「세종실록지리지」에 '土宜木棉(목화포함)'이
    라고 기록되어 있는 목면의 산지 명은 경상도 이외에 충청도, 전라
    도까지 포함하고 있어 면직물이 경상도뿐만 아니라 남한 전역에서
    생산되었음을 알 수 있다.
176) 조효숙, 前揭書, p.45.
177) 權內卓, "李朝末期의 農村織物手工業研究", (嶺南大 附設 産業經濟
    研究所, 1969).

없어 우리나라 사람들의 일상 옷감에 아주 적합하였으며, 춘하추
동 어느 계절에나 사용할 수 있었다.

2) 삼 베

옛 직물에 있어 '포(布)'란 대마포(大麻布)와 저마(苧麻), 즉 삼
베와 모시를 뜻하며, 우리나라에서 예로부터 의복 재료로 사용하
여 온 것이다. 마직물이 마포와 저포로 구분된 때는 통일신라시대
부터이다. 구분이 되었다 하더라도 대마와 저마라고 확실히 구분
된 것은 아니고 마포, 저포로 불리었다.178)

이들은 식물성 인피섬유로서 모시나 삼(大麻)이 모두 우리나라
풍토에서 재배하기에 적당하여 면화(棉花)가 들어오기 전, 즉 고
려 말까지 비단을 입을 수 없었던 서민층이 많이 이용해 왔다.179)

조선 초기 의료생산에 있어서 가장 대표적이고 서민적인 것은
대마포(삼베)였다고 한다. 우리나라의 마직(麻織)에 대한 기술은
이미 신라시대에 크게 발달되어 30升布, 40升布 같은 중요한 극세
포가 직조되었다고 하며180), 조선조에 들어와서도 다행히 세마포
(細麻布)와 저포(苧布)는 그 직조술에서 더욱 발달되어 소위 공물
(貢物)로 중국의 명(明), 청(淸)에 수출되고 있는 것을 보는바, 마
포(麻布)는 남북 각도(各道)에서 생산되는 가운데 후기에는 회령
(會寧), 종성 (鐘城) 등 관북지방(關北地方)이 명산지(名産地)라고
하였는데, 『故事通』에서는 "世宗朝에 咸鏡道의 慶源, 會寧, 鐘城,
穩城, 慶興, 富寧 六鎭에서 생산되는 마포(麻布)가 우량품 이었고

---

178) 민길자, 前揭書, p.16.
179) 金用淑, "李朝女性研究"(박사학위논문, 숙명여자대학교 대학원,
1974), p.171.
180) 李文垣, "李朝時代의 衣料生産에 關한 考察", (아세아여성연구 제1
집, 숙명여자대학교 아세아여성문제연구소, 1962), p.40.

이것을 '북포(北布)'라고 불렀다"181)고 하였으며, 『朝鮮女俗考』에서는 북포의 극세한 것은 '한필이 바리 안에 든다' 하여 발내포(鉢內布)182)라 하고 매미날개와 같다고 하였다.183)

한편 "남쪽에서는 경상도(慶尙道) 각 처에서 마포가 생산되어 이를 영포(嶺布)라 칭하고, 안동(安東)에서 생산되는 것은 안동포(安東布)라 칭하였으며, 강원도(江原道)에서 생산되는 마포(麻布)는 상품(上品)은 못되었으나 일반 옷에 많이 사용되었고 특히 농촌(農村)에서 애용되었으며 상복(喪服)에도 많이 사용되었는데 이를 강포(江布) 또는 상포(常布)라고 칭하였다184)"하고 있다. 이렇듯 산지에 따라 北布(咸北産), 嶺布(慶北産), 江布(江原産)라는 명칭으로 대표되었다.

우리나라에서 생산된 대마의 인피는 품질이 좋아서 아주 섬세하게 쪼개지므로 극세사를 만들 수 있고 그 위에 여인들의 섬세한 여공(女功)이 있어 중국, 일본, 인도 등지 보다 더 섬세한 마포를 제직하는 것이 가능했다. 포는 정세도로 그 품질을 가늠하는데, 정세도는 포폭 사이에 정경 된 경사(날실)의 수185)에 의해 가

181) 崔南善 著,『故事通』: 재인용 유희경,『한국복식문화사』(서울: 교문사, 1991), p.393.
182) 洪良浩,『耳溪集』.
　　"북포(六鎭)의 풍속을 읊은 詩 가운데, '三月에 심은 藝麻를 七月에 거두어들여 닷새간 실을 짜아 열흘간 바래서 열손가락 다 놀려가며 細布를 짜내니, 베는 얇기가 매미날개 같고 숱이 한 줌안에 든다' 하였는데, 이것은 돈 鉢內布를 말함이다. 그러나 아깝게도 細布를 짠 사람은 官債를 충당하기 위하여 남쪽 商人에게 다 팔아 넘기고 추포(龘布)로 만든 치마를 입었으니 그것도 짧아서 다리를 감추지 못하고 있다"고 하였는바, 이러한 서글픔만이 있는 고달픈 생활 속에서도 그들이 공들여 만든 제품들은 貢物이 되어 海外로 나가기까지 하였으니 오히려 눈물겨운 일이 아닐 수 없다(유희경, 前揭書, p.394).
183) 李能和,『朝鮮女俗考』, p.128.
184) 崔南善 著,『故事通』: 재인용 유희경, 前揭書, p.394.
185) 새(升)란 옷감의 굵기를 표시하는 우리나라 고유의 날을 세는 단위

늘된다. 곧 한 포폭 사이에 80올의 경사가 정경 되었을 때를 1승이라고 하며 승수가 커질수록 섬세하다.

삼베의 주요산지로는 경남(慶南) 의령(宜寧)과 전남의 화순 동복(同福)지방이 유명하며 안동 삼베 또한 안동포라는 별칭으로 널리 알려져 있다. 이와 같은 마포는 그 원료는 같지만 그 다루는 방법에 특징이 있어 생산되는 직물도 특성이 있는데, 대표적인 것으로는 '돌실나이'와 '안동포'이다.

현재 대마직물을 제조하는 과정의 기능은 문화재관리국에서 1970년 7월에 전라남도 고성군 석곡면 죽산리의 김점순(金点順)씨를 무형문화재 제 32호로 정하여 그 기능을 전승, 최고로 9승 대마포까지 제직하고 있다. 이를 곡성 '돌실나이'라 부른다. '돌실나이'의 돌실은 석곡(石谷)에서 유래하며 돌실나이는 석곡에서 나오는 삼베라는 말이다. 우리 농촌에서는 예로부터 삼베(麻布)와 무명베를 우리의 옷감으로 이용해 왔으며, 돌실 마포는 옛날부터 가격이 비싸고 품질이 우수하여 공예품으로 우대 받았으나 섬유 산업의 발전으로 점차 소멸해지고 있다.

삼(大麻)은 초봄에 습기가 많은 텃밭에 씨를 뿌려 생산된 1년생 풀로서 (7월 7일~8일) 무렵에 베어낸다. 베어 낸 삼은 수증기로 쪄낸 후 삼대가 쪄지면 삼대껍질을 벗겨내어 가지런히 머리만 묶어서 줄에다 말린다.

다 말린 삼을 질에 따라 상중하로 구분하고 이 구분에 의해 도포, 의복, 상포용(喪布用)으로 미리 골라낸다. 삼을 말릴 때 지나치게 말리면 삼이 건조해서 실 만들기가 좋지 않으므로 부패하지 않을 정도로 약간만 말려야 한다.

로서 한 새(升)란 40개의 바디살 구멍을 말하며 바디살 한 구멍으로 날실이 두 올씩 들어가므로 결국 80올이 한 새(升)가 된다. 따라서 새(升)의 수가 많을수록 올 수도 많아져 곱고 가는 베가 된다.

이러한 과정이 끝나면 이삼을 다시 가는 실로 째서 무릎위에 놓고 손으로 가볍게 비벼 고른 실로 만든다. 이때 실의 끝과 끝을 잇는 작업이 병행된다. 이어진 삼실을 흐트러지지 않도록 광주리에 차곡차곡 담아 놓은 후 이를 물레로 자아서 질긴 실이 되게끔 한다. 이와 같은 복잡하고 고된 작업을 거쳐 마침내 베틀에 올라가며, 잘 짜는 사람은 새벽부터 시작하여 밤중까지 하루 1필(20자)을 짠다고 한다.186)

또한 '안동포'는 영포 중에서 으뜸으로 여겨져 왔다. 일찍이 신라 선덕여왕 때 베 짜기 대회에서 이름을 날려 진상품이 되었으며 화랑들도 이를 즐겨 입었다고 하는데 경주 고분에서 발굴된 유품에도 뛰어난 기술로 직조된 마직물이 있다. 조선시대에도 궁중 진상품이었으며 지방특산물로 지정되어 널리 알려졌다. 삼베 길쌈은 삼의 품질에 따라 크게 생냉이 길쌈, 익냉이 길쌈, 무삼 길쌈으로 나뉜다. 가장 부드럽고 고운 것으로 생냉이를 짜는데 이것이 안동포이다. 현재 안동포187)의 직조기능은 경상북도 무형문화재 제1호로 지정되어 있다.

삼베는 질기고 가벼워서, 여름철의 옷감으로 많이 사용된 직물이다. 남자의 고의적삼, 조끼감, 여름철 요잇, 홑이불, 베갯잇 등으로 사용되었으며 옷을 마르고 베어낸 조각으로는 조각보를 만들기도 했다.

---

186) 전남농업기술원 인터넷홈페이지 자료실, http://www.chonnam.rda.go.kr

187) 안동포 거래의 대부분은 안동시 안홍농 소재 '베전골복'에서 이루어진다. 1필(길이: 40자×폭: 35~36cm) 당 가격은 8승~9승가 40~60만 원에 거래가 이루어지며, 1필로 남자옷은 2벌, 여자옷은 1.5벌을 만들 수 있다. 특히, 요즘은 중국산(색상이 나쁘며 올이 굵음)이 수입되기 때문에 유심히 살펴서 구입하여야 할 것이다.

3) 모 시

모시는 여름철 옷감으로서 통풍이 잘되어 시원하며 가볍고 깔깔하고 산뜻한 맛은 무명이나 삼베가 따르지 못한다. 상쾌하고 탈속(脫俗)한 맛까지 풍기는 이 모시는 웬만한 농가에서는 수월하게 지어 입을 수 없을 만큼 고급옷감에 속한다. 그래서 한때는 모시를 사치품으로 보아 법령으로 모시를 입지 못하도록 한 적도 있었다 한다. 즉 조선 중종 17년 8월에 나온 금제(禁制)로 서인녀(庶人女)가 백저포(白苧布)로서 장의(長衣)와 상(裳)을 하는 자는 그 물색(物色)을 몰관(沒官) 한다는 대목이 있었으며, 사족(士族)은 9升을, 일반서인은 7, 8升을 넘지 못한다는 금제도 있었다[188]고 한다.

모시는 다년생인 모시풀의 가지를 꺾어 그 껍질을 벗긴 것을 재료로 하여 짠다. 심은 그 해나 다음 해부터 수확하여 쓸 수가 있으며 5월 말에서 6월 초에 초수(初收)를 하고 8월 초순에서 8월 하순에 이수(二收)하며 10월 초순에서 하순에 삼수(三收)하여, 한 해에 세 차례를 벤다.

잎과 옆가지를 따고 원대를 모시칼로 껍질을 벗긴다. 모시톱으로 외피를 훑어내면 이것을 '태모시'라 한다. 태모시는 물에 담갔다가 볕에 바랜 다음 모시올을 이빨로 쪼개 낸다. 태모시를 쪼개서 모시 섬유의 굵기를 일정하게 하는 과정이다. 이 과정에서 상저(上苧), 중저(中苧), 막저로 구분되는 모시의 품질이 나온다. 태모시의 품질과 모시째기의 숙련정도에 따라 모시의 품질이 좌우된다.

모시를 짤 때는 공기가 건조하면 날실이 벌려진 채 끊어지므로 조심하여야 한다. 보통 움집이라 불리우는 지면 보다 약 60cm 아래로 땅을 파서 지하에 방을 만들고 그 곳에서 베를 짜게 된다.[189]

---

188) 金用淑, 前揭書, p.173.

요즈음에도 모시는 여러 형태의 여름옷감으로 많이 쓰이고 있는데, 예부터 모시하면 한산, 한산 하면 세저(細苧)로 유명하다.[190] 한산 세모시는 섬세할 뿐 아니라 청아한 멋이 있어 모시의 대명사로 불린다. 한산지방에서의 모시의 시초에 대해서는 신라 때에 한산의

189) 국립민속박물관, 前揭書, p.17.
190) 중앙일보, 2001년 8월 23일자

"너무 거칠어"
"이 양반, 값 후려칠 심산인감. 안팔아"

지난 21일 충남 서천군 한산면 지현리에서 열린 새벽 모시시장은 상인들의 걸쭉한 입담으로 왁자지껄했다. 나이에 관계없이 오가는 반 말, 한 푼이라도 더 받고 깎으려는 흥정이 낯설기 보다는 정겹게 와 닿는다. 5일장인 한산 모시시장은 새벽 4시가 조금 넘으면 50~60대 아주머니들이 곱게 싼 모시 한필씩을 손에 들고 모이면서 시작된다.
먼저 장입구 한산모시조합 창구에 8백 원을 낸 뒤 갖고 온 모시가 36자(1자 60cm) 한필 치수가 맞는지 검사를 받고 모시에 확인도장까지 받는다. 확인 도장이 있어야 이 곳에서 거래가 가능하기 때문이다. 그 사이 서울·평택·대전 등 각지에서 몰려든 상고(商賈, 포목상점·바느질집에 모시를 대는 수집상)들이 거간(居間, 모시를 상고에게 중개해주고 수수료를 챙기는 중개인) 들과 짝을 이뤄 백열전등 아래서 모시를 팔러온 아낙네들을 기다린다.
오전 5시쯤 조용하던 장안이 시끄러워지기 시작했다. 모시 값을 둘러싸고 거간·상고와 아낙네들의 입씨름이 시작된 것이다.
한 거간이 모시를 백열전등에 비춰보며 만져보다가 "별로네"라고 하자 아낙네는 "무슨 말이래유, 이렇게 고운 모시는 세상천지에 없을 거유"라며 응수한다. 이 아낙네는 공들여 짠 모시의 제값을 받으려 이쪽저쪽 돌아다니며 흥정을 해보지만 모시 제철인 오뉴월이 지나서 값이 떨어져 발만 구른다. 조순성(63·서천군 화영면 반포리) 씨는 "지난달 초까지 한필에 30만 원 이상 받았는데 지금은 25만 원도 겨우 받아유. 원료값을 빼면 며칠 밤 고생한 본전도 안 돼유"라며 혀를 찬다.
2백년 이전부터 이른 새벽에 모시장이 서는 것은 모시가 습기를 머금고 있을 때 윤기가 좋고 특유의 부드러운 촉감을 갖기 때문이다. 사는 쪽도 햇볕보다 벽열전구(예전에는 등잔불) 아래서 물건 상태를 제대로 살펴 볼 수 있다는 얘기다.
한산모시조합 배라용(69) 총무는 "20년 전만 해도 장날 하루에 5백 필 이상이 거래됐는데 요즘은 70~1백 필이 고작으로 1년에 5천 필 정도 팔려 나간다"며 "정부가 모시밭도 조성해 주고 비수기 때는 장려금도 줘야 명맥이 유지될 것 같다"고 말했다. 서천군 관계자는 "중국모시가 한산모시로 둔갑해 유통되는 것이 문제"라며 "요즘에는 모시로 옷만 만들어 입지 않고 커튼·식탁보 등 생활용품으로도 널리 활용된다"고 말했다.

한 노인이 乾芝山(백제시대의 산성, 乾芝山城이 있음)에 약초를 캐러 갔다가 유달리 깨끗하고 늠름한 산초(山草)가 있어 껍질을 벗겨보니 늘씬하고 보들보들 하여 그 나무껍질을 모시짜기에 이용하게 되었으며, 신라시대의 저산팔읍길쌈 놀이와 함께 널리 전파되었다. 문헌에 의하면 신라 경문왕 때에는 저포를 해외로 수출하였다는 기록이 있다.[191]

고려 때에는 국제무역품중의 중요한 자리를 차지하여 왔거니와 그것은 徐兢이 『高麗圖經』에서 그 빛깔이 결백(潔白)하기가 옥(玉)과 같다고 찬평(讚評)할 정도의 것이었다고 한다.[192] 또한 조선시대에는 임금에게 바치는 진상품으로 명성을 떨쳤다.[193] 현재 무형문화재 14호로 지정되어 있다.

한산 세모시는 인체에 해가 없는 천연 섬유로서 색깔이 백옥처럼 희고 맑으며 섬세하고 가벼워 여름철 옷감으로 으뜸이다. 특히, 올이 가늘고 직조상태가 고르며 질감이 깔끔하고 까칠까칠해 시원함을 주며 내구성이 뛰어나 빨아 입을수록 빛이 바래지 않고 윤기가 돌아 항상 새 옷 같은 느낌을 준다. 모시의 용도로는 우아하고 고전미 넘치는 한복과 다양한 디자인의 개량한복, 양장, 방석, 이불, 수의, 여러 가지 소품 등 다양하다.

4) 견(絹)

우리나라에서 양잠의 역사는 아주 오래다. 양잠에 관한 역사적 기록을 보면, 李如星의 『朝鮮服飾考』에서는 『三國志魏書弁辰傳』에 '曉蠶桑作縑布'라고 있고, 『同書濊傳』에 '有麻布蠶桑 作緜布'라고도

---

191) 충남 서천군 문화공보실, 월간 우리 옷사랑, (주) 문화사랑, 1999, p.70.
192) 徐兢著, 『高麗圖經』 卷二 土産條, 卷十九 庶民 工技條.
193) 충남 서천군 문화공보실, 前揭書, p.70.

있으므로 삼한시대부터 桑의 법이 있어서 그것이 이미 해외에까지 알려졌던 것을 알 수 있다[194]고 했다. 또한 『三國志』 魏書 高句麗條에 公會때 의복은 다 錦繡로 施飾되어 있다 하였으며, 『舊唐書』 東夷傳 百濟條에는 百濟王은 靑衿袴를 착용하였다 하였고, 『三國史記』 新羅本紀에는 제21대 소지왕(炤知王)代에 벌써 민수물(民需物)로 되었음이 보이고 있어, 당시 三國이 모두 이 錦을 사용하고 있었음을 알 수 있다.

『三國史記』 新羅本紀에 의하면 제27대 선덕여왕(善德女王)이 당시 친당외교(親唐外交)의 선물로 太平頌을 錦에 수놓아 唐 皇帝에게 바친 일이 있었으며, 또 제48대 경문왕(景文王)代에는 朝霞錦, 大花魚牙錦, 小花魚牙錦 등을 唐에 보낸 일이 있었다.

高麗時代에는 도염서(都染署), 잡직서(雜織署)와 같은 어용(御用)의 직조기관과 거기에 소속된 闕匠, 錦匠, 編匠, 綾匠, 羅匠등 工場이 따로 있어 각종 직조를 전담하였으니, 중앙, 지방을 막론하고 王公, 貴族의 호화생활과 조공무역품(朝貢貿易品)의 수출, 한편으로는 우수한 외래(中國) 견직물의 영향을 받아 고려의 의료수공업(衣料手工業)도 그 나름대로의 발달이 있었다고 보아야 할 것이다.[195]

이렇듯 양잠에 관한 역사는 이미 오래지만 조선 초기에 이르러 비로소 양잠법을 광범하게 전파시켰다.[196] 조선조에 들어와 제2대 정종(定宗)은 잠신(蠶神)에게 제사를 지냈고 제3대 태종(太宗)은 궁중에서 친잠(親蠶)의 예를 시작하여 조선 500년간 지속되었다. 세종대왕은 각도에 잠실(蠶室) 1개소를 설치하였다.

제7대 세조(世祖)는 종상법(種桑法)을 공포(公布)하여 대호(大

---

194) 李如星, 『朝鮮服飾考』 (서울: 白楊堂, 1981), p.291.
195) 유희경, 前揭書, p.169.
196) 李文垣, 前揭書, p.36.

戶)는 300株, 중호(中戶)는 200株, 소호(小戶)는 100株, 기타는 50株의 식상(植桑)을 명하였고 『蠶業註解』를 편찬하여 반포하였다. 특히 영조(英祖)는 손수 경직도(耕織圖)를 그려 잠업(蠶業)을 장려하였다. 즉, 경류(耕類)와 직류(織類)로 구분하여 경류(耕類)에는 씨를 담갔다가 뿌려서 김매는 것에서부터 제신(祭神)에 이르는 23종을 그리고, 직류(織類)도 23종을 그려 뽕나무를 심어 옷이 되기까지의 과정을 한눈으로 볼 수 있게 그림으로 나타냈다.197)

한때 농촌에서는 대대적으로 뽕 심기 누에치기가 권장되어 고치가 대량생산되기도 하였으며 요즈음에는 일단 누에고치가 끝나면 고치는 농민의 손을 떠나 도시의 견직공장으로 옮겨져 제사(製絲), 제직(製織) 공정에 의해 짜여지고 있다. 누에는 봄, 가을로 두 번 치며 이를 춘잠(春蠶), 추잠(秋蠶)이라고 부른다.

누에고치를 뚫고 나온 나방이 낳은 알을 일정한 온도(섭씨22~25℃)로 보존하면 10~15일 뒤에 부화되어 누에가 된다. 막잠을 자고 난 누에는 누에 섶198)에 올려져 토사(吐絲)를 하게 되는데 이때의 누에를 숙잠(熟蠶)이라고 한다. 숙잠은 처음 누에 뱃속의 좌우 견사선에서 토사구를 거쳐 나온 견섬유의 점액 한 방울을 가까운 섶의 한 장소에 부착시키고 머리와 가슴 부위를 좌우로

---

197) 李相玉, 『士農工商의 生活』, 韓國의 歷史 9, (서울: 河西出版社, 1975).
　　여기에는 浴蠶(鹽水로 蠶種을 씻는 것), 二眠(두잠), 三眠(석잠), 大起(누에가 올라갈 때 고개를 드는 것), 促積(누에 올리는 것), 分泊(자리 가르는 것), 採桑(뽕 따는 것), 上簇(누에가 올라간 것), 炙泊(蠶泊을 消毒하는 것), 下簇(고치 따는 것), 擇繭(고치 고르는 것), 窖繭(번데기를 버리는 것), 練絲(실 빼는 것), 蠶娥(누에의 成虫), 祀謝(感謝祭), 緯(실 나는 것), 織(짜는 것), 絡絲(줄 늘이는 것), 經(실 나는 것), 染色(명주에 염색하는 것), 攀華(무늬 놓는 것), 剪帛(마름질), 成衣(옷 만드는 것)로 구성되어 있다.
198) 익은누에〔熟蠶〕를 넣어 그 속에 고치를 짓게 하는 용기(容器).

180

돌려 ∞방향으로 토하여 견층(繭層)을 지어 고치를 짓고 그 속에 들어가 2일이 지나면 번데기로 탈바꿈한다.[199] 고치에서 풀어낸 그대로의 것을 생사(生絲)라고 하는데 거칠고 광택이 좋지 않으나 깔깔한 촉감을 가지고 있어 여름옷감으로 많이 사용된다. 한편 비누나 묽은 수산화나트륨 용액에서 생사나 생견사 직물을 정련하면 세리신이 용해되어 부드럽고 광택이 우아한 정련견(精練絹 또는 숙견(熟絹)이라고 함)을 얻을 수 있다.

우리나라에서 사용 제직한 견직물은 주(紬), 사(紗), 라(羅), 능(綾), 금(錦), 단(鍛), 곡(縠), 겸(縑), 시(絁), 초(綃) 등과 각종 천연염료로 침염된 직물, 힐염된 문양직물(납힐, 교힐, 협힐), 그림이 그려진 회(繪) 등이 일반적인 종류이며, 백(帛), 견(絹), 수(繡), 금니(金泥) 등 견직물과 관계된 종류는 다양하였다.

(1) 명주(明紬)

명주는 '綿紬', '䌷紬'라고도 한다.[200] 『朝鮮服飾考』에서는 絹은 生의 것이 많고 紬는 練의 것이 많다[201]고 하는 것으로 보아 거칠고 굵은 실로 제작하여 대부분 정련견(精練絹)이었음을 알 수 있다. 주(紬)는 이미 삼국시대부터 우리나라에서 제직하여 외국에 보낼 정도로 발달했다.[202] 고려시대에는 면주(綿紬)가 공물품으로 많이 사용되었다.[203]

많은 견직물 가운데 오늘날까지 제직되어 사용되고 있는 것은 주(紬), 사(紗), 라(羅), 능(綾), 단(鍛) 등이다. 이들 가운데 주(紬)

---

199) 민길자, 前揭書, p.44.
200) 권병탁, "명주짜기", 『영남대학 민족문화논총 제9집』, p.181.
201) 李如星, 前揭書, p.298.
202) 『三國史記』卷8, 新羅本紀 第8, 聖德王條.
203) 민길자, 『전통옷감』(서울: 대원사, 1997), p.45.

만이 명주(明紬)로 명명되어 재래의 베틀 즉 수직기로 극소량이 제직되고 있고 나머지는 현대화된 직기로 대량생산될 뿐 전통적인 직기로 제직되는 것은 전혀 없는 상태이다.204)

누에고치에서 뽑은 생사로 평직하여 거칠고 자연스러운 광택을 지닌 것이 생명주 인데 빳빳하고 흡습성이 크며 질겨서 여름용 고의적삼, 치마 등에 쓰인다. 정련한 명주는 보드랍고 가볍고 광택이 좋아 고급옷감으로 쓰인다.

(2) 숙고사(熟庫紗), 갑사(甲紗)

고사(庫紗)란 청대(靑代)의 공품(貢品)으로 조정의 창고에 거두어들인 것이라는 뜻이다.205) 練紗의 평직 바탕에 사직으로 무늬를 표현했는데 주로 둥근 수(壽)자 무늬가 많이 쓰이며, 생사(生絲)로 짠 생고사(生庫紗)와 숙사(熟絲)로 짠 숙고사(熟庫紗)가 있다. 조선시대에는 진홍, 다홍, 옥색, 아황, 아청, 자색, 남송, 설백, 백, 양옥색, 남송화색, 회색, 미색, 분홍, 초록색등이 있었고 오늘날에는 흑색과 함께 여러 가지 색이 있다. 얇고 성기면서도 밀리지 않아 봄, 가을용 옷감으로 널리 쓰인다.206)

갑사(甲紗)는 거북의 등껍질과 같은 외관을 가진 익직물(搦織物)이다.207) 생사를 사직(紗織)으로 짠 옷감으로 얇고 성글어서 하절용 옷감으로 주로 사용한다. 갑사의 종류로는 무늬 없이 짠 무문갑사(無紋甲紗, 純仁이라고도함), 무늬를 넣어 짠 문갑사(紋甲紗), 삼색실로 짠 삼색갑사 등이 있다.208)

---

204) 上揭書, p.39.
205) 장현주, "20세기 전반기의 한국견직물연구", (석사학위논문, 부산대학교 대학원, 1993), p.46.
206) 민길자, 前揭書, p.58.
207) 장현주, 前揭書, p.45.

(3) 양단(洋緞), 운문단(雲紋緞), 모본단(模本緞)

단(緞)은 주자조직으로 제직되는 것으로 평직, 능직으로 제직된 직물보다 광택이 좋아 화려하다. 조선시대 단(緞)에 대한 명칭이 다양하게 나타나고 있는데 소단(素緞), 단(緞), 필단(匹緞), 문단(紋緞), 오색단(五色緞), 고단(庫緞), 대단(大緞), 영초단(英絹緞), 모본단(摹本緞), 우단(羽緞), 직금단(織錦緞), 금단(錦緞), 장단(粧緞)등으로 색과 무늬의 상태가 직물명칭으로 사용되어 단 각각의 명칭의 수는 한이 없다.

양단(洋緞)은 1876년 개항이 되면서 영국산 단직물이 수입되어 양단이란 이름이 붙었으나 오늘날 무늬 있는 수자직의 견직물을 일컫는다. 경수자 바탕에 무늬를 위수자로 짠 옷감으로 옷감의 겉과 안이 서로 반대이며 다양한 문양이 있는 고급옷감이다. 주로 겨울철 한복 옷감으로 두루 쓰이며, 이불감으로도 인기가 있다. 운문단은 단색문양(單色紋緞)으로 운문(雲紋)을 문양으로 직조한 것이다. 주로 왕의 용포(龍袍)나 백관의 관복에 바탕무늬로 사용하였다.

모본단(模本緞)은 수자문직(繻子紋織)으로 두께는 양단(洋緞)보다 약간 얇고 아름다운 윤이 난다. 경사는 본연사(本撚絲), 위사는 졸연사(卒撚絲)로 되어있고 바닥은 8매 주자직이며, 화초의 대형 무늬를 호박조직으로 나타낸 것으로 대개 단색이다. 『宮中撥記』에는 남모본단, 남송모본단, 자적모본단, 양남모본단, 다홍모본단, 옥색모본단, 홍모본단, 다홍별문모본단, 남오복수모본단, 분홍모본단 등이 기록되어있다.[209]

---

208) 김정호, 이미석, 『우리 옷 만들기』 (대전: 한남대학교 출판부), p.15.
209) 金英淑 編著, 前揭書, p.159.

2. 염색기법

본 절에서는 조선시대 침선소품류에 나타난 색상을 밝혀보고자 문헌고찰210)및 선행연구211), 여러 염색전문가212)를 통하여 익힌

---

210) 『三國史記』, 『高麗圖經』, 『高麗史』, 『鷄林志』, 『秋官志』, 『朝鮮王朝實錄』, 『閨閤叢書』, 『林園十六志』, 『尙方定例』, 『本草綱目』, 『朝鮮服飾考』.

211) 李良燮, "韓國傳統 紅染 硏究", (建國大學敎 生活文化硏究所: 硏究報告 제4집, 1980).
"朝鮮時代 宮中服色 染色硏究", (建國大學敎 生活文化硏究所: 硏究報告 제11집, 1988).
조효숙, "조선시대의 전통염색법 연구-규합총서를 중심으로-", (석사학위논문, 이화여자 대학교 대학원, 1983).
蘇晃玉, "韓國傳統染織에 관한 文獻的 硏究", (박사학위논문, 세종대학교 대학원, 1984).
金永淑, "韓國服飾史에 나타난 傳統色 연구", (박사학위논문, 숙명여자대학교 대학원, 1984).
김준호, "植物性 染料에 관한 實驗硏究", (석사학위논문, 홍익대학교 대학원, 1983).
李宣貞, "朝鮮時代 帖裏색의 染色硏究", (석사학위논문, 숙명여자대학교 대학원, 1986).
李 英, "傳統 天然 染料에 관한 實驗硏究", (석사학위논문, 홍익대학교 대학원, 1982).
尹鳳洙, "綿纖維의 天然染色에 관한 實驗硏究", (석사학위논문, 홍익대학교 대학원, 1983).
백종숙, "조선시대 염색의 견뢰도 연구", (석사학위논문, 숙명여자대학교 대학원, 1984).
정필순, "한국자연염료와 염색에 대한 연구-문헌 수집을 중심으로-", (석사학위논문, 이화여자대학교 대학원, 1984).
김정호, "傳統韓國服飾속에 나타난 쪽빛에 관한 연구", (한남대 논문집 제 26집, 1996).
김정호, 이미석, "전통한국복식 속에 나타난 홍화와 소목빛에 관한 연구", (한남대 논문집, 제27집: 1997).
김정호, 이미석, 『전통염색과 소품 만들기』, (대전: 한남대학교 출판부, 2001).

212) 이병찬, 제15회 전승공예대전에서 대통령상을 수상했으며, 국립중

염색기법을 적용하여 염색실험을 하였으며, 실제 작품제작에 이용하였다.

본 염색실험에서는 염재로 홍화, 쪽, 괴화, 소목, 자초, 꼭두서니, 빈랑, 정향, 물푸레나무, 쑥, 오배자를 사용하였으며, 매염제213)로는 백반과 철을 사용하였으며, 홍화염색과 쪽 염색 시에는 매염제로 잿물을 사용하였다. 또한 홍화염색 시 조제로 오미자214)를 사용하였다.

1) 전통색과 염색법

염색(染色)이란 자연에 대한 색채관념(色彩觀念)을 인위적으로 이식(移植)하는 것을 말한다. 먼저 식물의 색을 이식하려는 최초의 수단은 염색이라기보다 착색이었을 것이며, 그리하여 색이 있는 흙, 돌, 초즙(草汁), 동물의 피 등을 그 염료로 하여 물체의 표

앙박물관에서 수년 전부터 전통염색을 가르쳐오고 있다.

성파스님, 경남 통도사 스님으로, 오래전부터 쪽 염색과 홍화염색을 연구해왔다.

한광석. 1980년부터 전통염색에 몰두하여 우리색깔을 찾는 일에 혼신을 기울이고 있다.

213) 식물염료는 단색성 염료를 제외하고 기본적으로 염료 하나만으로는 염색이 되지 않는다. 즉 염색이 된 것 같아도 그것은 단순히 색소가 섬유에 흡수되어 있는 상태에 불과하며 매염제를 사용함으로서 더 확실하게 색상을 염착시킬 수 있는 것이다. 이와 같이 매염(媒染)제란 염색전이나 염색 후 직물에 처리하여 염료와 직물를 매개시켜 발색을 촉진하고 염료를 섬유에 염착시키는 것이다. 예전에는 백반, 철장 그리고 나무태운 재를 매염제로 사용하였으나 요즈음은 이러한 천연매염제를 구하기 어려워 금속염으로 대신하고 있다.

214) 오미자는 홍화로 대홍(大紅), 진홍(眞紅)을 임색할 때 사용한나. 껍질과 속살이 달콤하고 시며, 씨의 속은 쌉쌀하고 맵고 짜다. 이와 같이 다섯 가지 맛, 즉 오미(五味)를 갖추었으므로 오미자로 이름 하였다. 중국에서도 고려의 것이 유명 하였는데, 함경도, 평안도의 것이 가장 좋다고 하였다.

면에 그저 도식(塗飾)하는 것이 첫 방법이었을 것이다. 그리하여 그것을 사용하는 동안 보다 더 미려(美麗)한 주사(朱砂), 녹청(綠靑), 감청(紺靑) 같은 것이 땅속에서 발견되었으며, 한편 녹청접(綠靑摺)의 응용에 드디어 남(藍)의 발견에까지 도달하게 되었을 것이고, 그리하여 남색접(藍色摺)을 하고 있는 동안에 다시 저절로 남(藍)의 침염(浸染)을 알게 되었을 것이며, 또한 나무 열매의 흑회(黑灰)를 사용하고 있는 동안에 나무 열매를 회(灰)로 만들어 사용하지 않아도 그 전즙(煎汁)을 이용한 침염의 방법을 깨닫게 되었던 것이다.215)

원래 식물의 煎汁을 만드는 것은 중국의 약학(藥學) 즉, 본초학(本草學)에서 교시(敎示)하는 바로 약용(藥用)의 전즙(煎汁)을 만드는 동안에 색을 발견하였고 이것을 염색에 응용하여 드디어 염료로서 완성시킨 일이 많이 있었으니, 벌써부터 한문화(漢文化)의 영향이 농후하였던 우리나라에 있어 침염(浸染)의 역사(歷史)는 오랜 것이었다 할 것이며, 따라서 모양문(模樣紋)을 시작했던 것도 삼국시대 초기 이전의 일이었다고 할 것이다.216)

염색에 관한 문헌기록에 의하면, 신라사람은 소견(素絹)에다 그림을 잘 그리고 백제사람도 관인(官人)의 의복에 비색(緋色)의 그림을 그렸다 하였으니217), 이것은 다만 색료(色料)로 문양(紋樣)을 채색한 것 같이 보이나, 동시대(同時代) 고구려에서는 紫地에 힐문(纈紋)이 있는 것을 만들었으므로218) 『三國史記』에 신라에서는 炤知王代부터 錦繡, 色絹을 민간인이 사용한 기록이 있는데219), 이로써 미루어 보아 침염술(浸染術)은 오래전부터 있었다고 보인다. 당시에는

215) 李如星, 前揭書, p.303.
216) 上揭書, p.304.
217) 『北史』 列傳 新羅條, 『舊唐書』 列傳 東夷傳 百濟條.
218) 『翰苑』 蕃夷部 高麗條.
219) 『三國史記』, 新羅本紀 炤知麻立干.

纈染도 상당히 발달해서 일반화 되었던 까닭에 外國史書에까지 이러한 기록이 남게 된 것이 아닌가 한다.

특히 新羅의 武官職制에서 보면 색금(色衿)을 사용하여 직책을 구별[220]하고 있었으니[221], 이들 색금(色衿)은 염색한 헝겊을 옷깃에 철부(綴付)하였던 것으로, 그것은 당시 색에 대한 관념이 상당히 발달되어 있었음을 보여주고 있는 것이라고 하겠다. 당시에는 색에 대한 관념도 상당히 발달되어 紅色系에는 緋, 赤, 紫가 분별되었고, 靑系統에도 綠, 靑, 碧이 분별되어 있었으며, 白, 黑의 兩極色을 사용하였고 黃色도 사용되었으니 이는 중국의 靑, 黃, 赤, 白, 黑의 五色觀念을 훨씬 뛰어넘어 한층 복잡한 것을 표현하고 있는 것이라고 하겠다.

이와 같이 다채로웠던 염색은 고구려 벽화에서도 찾아볼 수 있는데, 鎧馬塚 인물의 袍선에 있는 자색바탕에 백색 斜格紋은 臘纈처럼 보이며, 梅山理古墳 인물의 袍에있는 黃色바탕에 黑色의 唐草紋은 摺紋인듯해 보이며 기타 여러 인물 복식에 흔히 시공되어 있는 點紋은 문양처럼 보여진다. 또한 삼국문화와 긴밀한 관계를 갖고 있던 日本 正倉院과 法隆寺에 보관되어 있는 물품들은 일본 궁중으로부터 佛前에 정성을 다하여 바쳐진 것으로 그 대부분이 우리나라에서 건너간 珍品들이었는데, 일본학자 아까시 구니조오(明石國造)는 그의 「日本染織史」에서 이에 보이는 문양염의 기법을 '彩會(붓으로 그린 것)', '摺文(목판에 의한 날염)', '臘纈'(초칠하여 염색한 것), '絞纈(실로 얽어매어 염색한 것)'이라고 구분하고 있거니와 옛기록에 나타난 바와 더불어 이를 증명해주고 있다.[222]

한편 고려시대의 염색에 대해서는, 徐兢이 『高麗圖經』[223]에서

220) 『三國史記』志職官下에는 綠衿, 紫衿, 白衿, 緋衿, 黃衿, 黑衿, 碧衿, 赤衿, 靑衿등의 색금이 있어서 각각 그 직책을 표시하였다는 기록이 있다.
221) 『三國史記』, 志職官下.
222) 李如星, 前揭書, pp.307~312.

고려의 견직물에 대하여 말하는데 있는데 "그 원료가 중국으로부터 구입되어 文羅, 花綾, 緊絲, 錦罽 등을 기교 있게 직조하나, 이것은 北虜의 歸化人中에 기술자가 많기 때문에 더욱 奇功의 발달을 보게 되고 염색도 前日보다 훨씬 진보되었다"하였다. 『鷄林志』에는 "고려는 염색을 잘하는데 홍색과 자색이 더욱 묘하고 자초 뿌리의 굵은 것은 모란 뿌리만큼 굵고 이것의 즙을 짜서 비단에 물들이면 빛깔이 매우 선명하다"라고 하였다.224) 또한 『高麗史』의 기록에는 염색을 위하여 관영 직조수공업장인 도염서(都染署)에 전문장인들을 두어 각종 염색을 실시하였다.225) 이들은 신라시대의 염전(染典), 소방전(蘇房典)에 소속된 母와 같이 전적인 예속형태에서 벗어나 일종의 別仕를 받는 賃勞動의 형태로 전환되어 수공업제도의 발전된 형태를 이루었다.

조선시대의 의복색은 음양오행설에 의한 오방색이 근간을 이루고 있으며 새로운 염색술의 등장으로 여러 가지 간색이 생김으로서 전시대에 비해 의복의 색이 더욱 다양화되었고, 이에 따라 복색금제 또한 까다로웠다.

조선시대의 염직물 생산은 중앙집권에 의한 엄격한 사회구조속에서 통제를 받으며 주로 양반계층에 의해 발전되었다. 조선전기의 염직업은 관장제(官匠制) 수공업으로 발전되었으며, 민간차원의 염색은 자급자족의 목적으로 소규모로 이루어졌다. 관장제수공업에서 염장(染匠)은 청염장(靑染匠), 홍염장(紅染匠), 황단장(黃丹匠) 등으로 분업화되어 염색을 색상별로 관장하였으며, 염색을 위한 전후 처리과정을 위해 도침장(擣砧匠), 세답장(洗踏匠) 등도 있었다.226) 조선정부는 이들의 염색기술을 향상시키기 위하여

223) 徐兢, 『宣和奉使 高麗圖經』 卷二 土産條, 卷十九 民庶 工技條.
224) 孫穆, 『鷄林志』 染采條.
225) 『高麗史』, 卷七十七, 志三十一, 百官二.
226) 『經國大典』 卷六, 工典 工匠.

노력하였는데, 世祖條에는 중국 사행시에 상의원의 염직장인을 딸려 보내서 제사, 염색기술을 배워오도록 하였으며, 燕山君條에도 능라장(綾羅匠)을 중국에 보내어 대홍색과 초록 등의 염색법과 직조법을 배워오도록 하였다.227) 특히 사치풍조가 만연한 연산군 때에는 염직물 생산에 많은 관심을 보여서 별도로 통직을 설치하여 염색을 담당하는 염장, 무늬를 도안하는 인문장, 씨실·날실을 중비하는 집경장(執經匠), 집위장(執緯匠), 제직을 담당하는 직조장을 두어 각색의 사(紗), 라(羅), 능(綾), 단(緞)을 짜도록 장려하였다.228)

그러나 이러한 관장제 수공업은 중종 때부터 약간의 균열을 보이면서 민간 수공업으로 전환되기 시작하였다. 이즈음 사적(私的)으로 염색하는 염가(染家)가 성행하여 비싼 값을 받고 염색을 하였으며, 사대부가에서도 수입백사를 각색으로 물들여 능단을 짜기도 하였다.229) 이처럼 민간 수공업으로서 염직이 싹틀 무렵 임진왜란과 병자호란을 겪으면서 극도로 어려워진 경제사정은 염직업을 침체 속으로 빠져들게 했다. 따라서 직조와 염색은 민간중심으로 한국인의 정서에 맞는 소박하고 단아한 모습으로 나타나게 된다.

염색법에 대해서는 『규합총서(閨閤叢書)』, 『계림지(鷄林志)』, 『임원경제지(林園經濟志)』, 『상방정례(尙方定例)』, 『본초강목(本草綱目)』230) 등에 기록되어 전해지고 있다. 빙허각이씨가 지은 『閨閤叢

---

227) 『秋官志』 第四編, 掌禁部 申章.
   『英祖實錄』 卷三十七, 英祖十年二月.
228) 『世祖實錄』 卷二十四 七年五月.
   『燕山君日記』 卷五十三, 燕山君 八月 一月.
229) 『燕山君日記』 卷五十三, 燕山君 十年五月.
230) 명나라 호북(湖北)사람 이시진이 1590년에 간행한 것으로 총 52권에 부도(附圖)가 3권이다. 책의 편성을 보면 광물을 水, 火, 土, 金石의 4부, 식물을 초(草), 곡(穀), 채(菜), 과(果), 목(木), 복기(服器)의 6부, 동물을 충(蟲), 인(鱗), 개(介), 금(禽), 수(獸),

書』에는 색상별로 염색법을 설명하고 있다. 민간 가정집에서 손쉽게 구할 수 있는 염료식물들로서 "홍화, 매실, 오미자, 쪽, 갈매, 괴화, 왜황연, 황백, 울금, 고동근, 치자, 뽕나무" 등의 염색법이 비교적 자세히 기록되어있다. 『尙方定例』는 왕실, 각 전궁의 의상을 맡아 보는 곳이었던 상방원 출입에 관한 규정을 기록한 책으로, 자적색(紫赤色), 대홍색(大紅色), 유청색(柳靑色), 초록색(草綠色), 반홍색(磻紅色), 홍주색(紅朱色)의 기록과 염색법이 소개되어있다.

『閨閤叢書』에 보면, 진홍 들이는 법, 자적 들이는 법, 남 들이는 법, 옥색 들이는 법, 초록 들이는 법, 두록 들이는 법, 팥 유청 들이는 법, 목홍 들이는 법, 반물들이는 법, 회색 들이는 법, 駝色 들이는 법 등이 실려 있는데, 주로 식물성염료를 추출한 것으로, 식물의 잎, 줄기, 꽃, 열매 등에서 색을 찾았고, 조제(촉염제, 완염제, 발색제)로 잿물(灰汁), 백반, 얼음, 오미자 등을 썼으며, 불순물이 섞이지 않은 단물, 백비탕(증류수)을 썼다는 기록이 있으며, 『尙方定例』231)에도 비슷한 염색법이 기록되어있다.

『鷄林志』에 보면 우리나라에서는 치(緇), 현(玄), 소(素), 강(絳), 비(緋), 훈(纁), 진(縉), 표(縹), 참(黲) 등을 기본색으로 하다가 점차로 염색이 발달되면서 중간색이 늘어나 연두색(軟豆色), 초록색(草綠色), 다황색(茶黃色), 진황색(眞黃色), 일남색(日藍色), 남송색(藍松色), 양남색(洋藍色), 반물색, 옥색(玉色), 청색(靑色), 진분홍색(眞粉紅色), 송화색(松花色), 백색(白色), 양초록색(洋草錄色), 양옥색(洋玉色), 자적색(紫赤色), 취월장색, 희보라색, 남색(藍色), 분홍색(粉紅色), 자색(紫色), 아청색(鴉靑色), 재색(灰色), 유록색(柳錄色), 두록색(豆錄色), 황색(黃色), 담황색(淡黃色), 압두록색(鴨豆錄色) 등의 다채로운 색깔이 있었다는 기록232)이 있다.

인(人)의 6부로 하여 전체 16부로 되어 있다.
231) 『尙方定例』 入染式.

190

『本草綱目』에는 진홍색 들이는 법이 있는데 "홍화를 暴乾하여 진홍으로 염색하는데, 꽃을 찧어 익혀서 자루에 물을 쳐서 황즙을 제거한다"라고 하였다. 또한 『林園經濟志』는 『林園十六志』라고도 하며 서유구가 지은 책으로 43가지 색깔에 50가지 염색방법이 중국 및 한국문헌에서 발췌하여 기록되어 있다. 43가지 색은 빨강색 계통의 대홍색부터 노란색 계통, 초록색계통, 파란색계통으로 이어지면서 비슷한 색상끼리 연결되어 정리되어 있다.[233]

우리나라에 현재까지 전수되어 내려오는 천연염색은 소수의 기능보유자들을 중심으로 예로부터 사용된 전통기술, 즉 자연 상태의 천연재료로부터 추출한 염료를 천연 매염제와 조제를 이용하여 염색하는 방법으로 전개되어 오고 있으며, 기능보유자들의 전수 및 보유한 기술의 차이에 따라 각기 다른 방법으로 염색을 해오고 있다.

2) 염색실험

본 염색실험 에서는 조선시대 적색(赤色)염료로 쓰였던 홍화(잇꽃)와 소목, 꼭두서니(천근), 청색(靑色)염료로 쓰였던 쪽(藍), 자색(紫色)을 냈던 자초, 황색(黃色)을 냈던 괴화와 옅은 미색을 냈던 물푸레나무(진피)와 문헌 기록에 염재로 쓰이지는 않았으나 현재 천연염재로 응용하고 있는 여러 가지 염재 중에서 쑥, 정향, 오배자에 대한 실험을 하였다.

이 중에서 괴화, 소목, 꼭두서니, 정향, 물푸레나무, 쑥, 오배자는 염액 추출법과 염색방법이 동일하며, 쪽과 홍화를 제외하고 직물과 염료의 양을 동일하게 사용했으며, 백반은 직물의 5%, 철은

---

232) 『孫穆著』 鷄林志 染采條.
233) 서유구(1764), 展功志.

직물의 1%를 사용하였다.

(1) 홍화(잇꽃)

본 실험에서 사용한 홍화는 한약 건재상에서 구입한 것으로 재래종은 아니었다. 한광석씨는 조선종은 잎이 뾰족하며 가장자리에 비늘처럼 날카로운 톱니가 있는데 조선종과 수입한 것과는 염색 후 색상의 차이가 있다고 했다.

『閨閤叢書』[234]에 보면 홍화를 독에 담구어 구더기가 날 정도로 썩히는 것이 좋으며, 그 위에 도꼬마리 잎을 덮으면 빨리 썩는다고 되어있다. 이렇게 홍화를 썩히는 이유는 황색소를 홍화에서 분리시키기 위한 것이다. 『林園經濟志』에는 "홍화병(紅花餠)을 찧어 베주머니에 넣고 물에 담가 황즙을 빼낸다. 황즙이 다 나오면 콩까지 태운 재에 담구어 베주머니를 헹구어 강하게 누르면 신선한 홍색이 나온다. 이 같은 과정을 여러 번반복한 다음 깨끗한 그릇에 담아 오미자즙을 적당히 넣고 물들이는데, 진하고 엷은 것은 얼마나 오랫동안 물에 담그는가에 달려있다"라고 했다.

① 염료추출 및 염색
홍화 1kg을 통에 넣고 물 10L를 부어 뚜껑을 덮어 일주일정도 담가 놓았다. 그리고 염색하기 하루 전에는 홍화와 같은 양의 오미자를 물에 담가놓았다. 이때 오미자와 물의 비율은 1:1로 하였다. 일주일후 홍화를 담가놓았던 뚜껑을 열었더니 쉰내가 팍 풍길 정도로 썩어있었다.

썩힌 홍화를 소쿠리에 건져 놓고 황색물이 빠져 나갈 때까지

---

234) 빙허각이씨, 정양완(譯), 『閨閤叢書』(서울: 寶晋齊, 1999), pp.144~
    146.

계속해서 수차례 물을 부어 가며 황색소를 빼냈다. 샤(가는망사 천)235)를 두 겹으로 하여 주머니를 길게 만들어 주머니에 홍화를 옮겨 넣어 묶은 다음 큰 대야에 넣고 더운 물을 부어가며 몇 차 례 계속해서 주물러서 황색색소를 최대한 제거했다.

노랑물이 다 빠지고 불그스레한 물이 나오기 시작하여 탈수기 에 넣고 탈수한 다음 탈수한 홍화주머니를 대야에 넣고 잿물(PH 10~11)을 넣어 약 5~10분정도 주무른 다음 다시 탈수하였다. 좀 더 선명한 홍색색소를 얻기 위해 잿물을 넣어 추출한 1차 추출액 은 버렸다.

대야에 홍화주머니를 넣고 준비한 잿물을 부어 홍화주머니를 주물러가며 약 20분정도 홍색의 염액을 빼냈다. 3~4회 반복하여 추출한 염액을 혼합했다.

홍색의 염액이 다 빠졌다 싶어 홍화주머니를 꺼낸 후 염액에 오미자를 넣어 중화하여 시켰다. 이때 홍색이 거품이 일면서 색이 깨어났다.

정련한 천을 물에 적시어 탈수한 다음 병풍처럼 접어 염액에 술술 풀어 넣어가며 염액에 넣고 30분간 주물러 염색한 후, 맑은 물에 수세한 후 음지에 널어 말렸다.

② 염색결과(【그림 202】)

모시나 무명에는 선명한 홍색으로 염색되었으나 명주나 견사에 는 좀 황색기미가 있는 홍색으로 염색되어 같은 염재에도 소재에 따라 색상이 다르게 나타났다. 그 이유는 모시나 면은 홍색만 흡 수하는 성질이 있고, 명주는 노랑과 홍색을 모두 흡수하는 성질이 있기 때문이라고 한다. 따라서 명주에 선명한 홍색으로 물들이기

---

235) 홍화 염색 시 사용하는 주머니는 염색이 되지 않는 천으로 만들어 사 용해야 한다. 그렇지 않으면 자루에 염색이 다 되어 색소 손실이 많다.

위한방법으로 개오기식 염색법이 있었는데 이것은 홍색의 염액에 면을 염색한 후, 염색한 면을 알칼리(잿물)넣어 홍색을 빼낸 후 이 염액에 명주를 염색하면 선명한 홍색을 얻을 수 있다고 했다. 이 방법은 면이 홍화의 노랑색소를 흡수하지 않고 홍색만 흡수하는 성질이 있기 때문이다.

(2) 쪽(藍草)

옛날부터 푸른색을 내는 염색에 있어서 가장 많이 사용되어온 염료식물 중의 하나로 마디풀과에 속하는 한해살이 풀이다. 『閨閤叢書』에는 쪽 잎이 둥글고 두꺼워 두틀두틀한 것이 좋은 것이고, 얇고 귀난 것은 좋지 않다고 했다. 또한 『임원경제지』에는 "6, 7월에 여뀌 쪽 잎이 살찌고 물이 많이 올랐을 때 따서 잎을 깨끗한 그릇에 놓고 물을 붓고 비비고 쳐서 즙을 취하여 염색하는데, 물들인 쪽은 매양 삼복을 당하면 찌고 습기가 돌아서 변색하기 쉬운 탓으로 반드시 얼음 가까이에 둔다"라고 했다.

본 실험은 2000년 7월 26~7월 28일 경남 통도사에서 쪽 발효 염색을 하였다.

① 염액 추출 및 염색

쪽을 베는 시기는 쪽이 가장 무성해 있는 시기인 7월 26일~28일 정도가 가장 적당하다고 하며 이때 가장 많은 염료를 추출해 낼 수 있다고 한다. 발효 쪽 염색을 처음부터 끝까지 하기 위해서는 약 10일 정도의 시간이 필요했는데, 시간이 여의치 않아 단계마다 미리 준비한 쪽 항아리를 가지고 염색했음을 밝혀둔다.

쪽을 베어 항아리 가득 잎과 줄기 모두를 넣고 쪽이 잠길락 말락 하게 물을 넣었다. 무더운 여름이어서 하루가 지나자 쪽이 삭기 시작했다. 골고루 삭을 수 있도록 가끔 뒤집어 주어 아래잠긴 것이 위로 올라오도록 해주고 또 위에 있는 것은 밑으로 잠기게 하면서 뒤적거려주었다. 여름에는 3일 정도만 지나면 삭게 되는데, 대략 5일 정도 지나야 다 삭는다고 했다. 그래서 미리 5일 전에 담가놓은 쪽 항아리를 가지고 염색을 했다.

소쿠리에 받쳐가면서 쪽을 건져내어 밑으로 떨어지는 쪽물을 다시 항아리에 넣었다. 항아리에 있는 쪽 염액에 잿물을 1 : 1이 되도록 섞은 후(이때 PH 11 정도가 가장 적당하다고 함) 긴 대나무 막대기로 저어주었다. 한쪽방향으로 하루에 4~5번 30분씩 저어주었다. 잿물은 쪽대 태운 잿물을 이용[236]했는데, 소쿠리 안에 볏짚을 깔고, 망사2겹 정도를 깐 후 재를 위에 퍼 올린 후 끓는 물을 조금씩 부어가면서 재를 얹으면서 물을 내려주어 밑으로 떨어지는 잿물을 이용했다. 이렇게 잿물을 넣고 섞은 후 5일 정도가 지나면 발효가 되는데 자주색의 꽃 거품이 일어나 있는 것을 보면 알 수 있다.

몇 개의 항아리 중에서 꽃 거품이 일어난 항아리에 있는 염액을 떠내어 염색을 했다. 천을 술술 풀어가며 염액에 넣어준 후 공기와 닿지 않도록 주의하면서 염액속에서 손으로 돌려가며 염색을 했다. 20분 정도 염액에서 주물러준 후 맑은 물에 헹구어 햇빛에 말렸다.

② 염색결과(【그림 203, 204】)
항아리에서 쪽 염액을 떠내어 처음 염색을 했을 때는 푸르스름한 엷은 청색을 얻을 수 있었으며, 세 번 정도까지 반복해서 염색을 한 결과 처음보다는 진한색을 얻을 수 있었다. 쪽 염색은 여러 번 반복해서 염색을 해야 짙은 청색 즉 남색을 얻을 수 있다고

---

236) 한광석씨는 쪽 염색법시 조개껍질을 태운 잿물을 이용한다고 하였다.

했다. 염색이 끝나면 맑은 물에 5~6시간 담가 잿물을 완전히 제거하고 건조시켜야 견뢰도가 좋아 옷이 낡을 때까지 퇴색하지도 않고 변색도 되지 않는다고 했다.

염색한 천을 햇볕에 말릴 때에는 빨랫줄에 닿는 부분이 햇빛과 재가 반응하게 됨에 따라 노랗게 변색할 가능성이 있으므로 자주 자리를 바꾸어가며 널어주었다. 또한 아래로 처지는 부분에는 염료가 몰릴 수 있어 자리를 바꾸어 가며 널어주었다.

(3) 자초(지초, 지치)

자초는 우리나라를 비롯한 중국, 일본, 아무르지방에 널리 분포하는 자초과의 여러해살이 풀인데, 지치라고도 부르며 산야의 풀밭에서 자란다. 염색에는 뿌리(紫根)를 이용하며, 뿌리의 표피에 색소가 많이 함유되어 있다. 조선조 세종 9년에 지초의 가격이 너무 비싸고 희소하므로 진상의대나 궐내사용을 제외하고는 사용을 금하게 하라는 사간원의 상소가 있었다는 사실로 보아 당시의 자색염이 지초의 뿌리, 즉 자근에 주로 의존한 것으로 보인다. 자근을 잘라보면 뿌리 가운데에도 색소가 있는데, 매화반점의 모양이 있는 것이 최고품으로 인정된다. 『閨閤叢書』에는 "지치는 꺾어보면 희고 매화점 박힌 것이 좋은 것이니 청풍 지치가 으뜸이다"라고 하였다.237)

① 염액 추출 및 염색
본 실험에서는 알코올에 의해 염액을 추출하였다. 자초 100g을 그릇에 넣고, 자초가 잠길 정도의 메탄올을 부었다. 가끔 뒤적거려 주면서 20분간 방치했다. 20분후 보라색의 염액이 추출되어 있

---

237) 빙허각이씨, 정양완(譯), 前揭書, p.147.

었는데, 다른 용기에 염액을 따라놓고 다시 메탄올을 부어 20분 경과 후 얻어진 염액과 처음 염액을 혼합하였다. 같은 양의 증류수를 부어 잘 섞은 후 상온에서 염색하였다.

② 염색결과(【그림 205】)
백반매염에 의해 밝은 보라로 염색되었으며, 철매염에 의해 어두운 회색빛 보라를 얻을 수 있었다.

(4) 괴화(槐花)

괴화는 회화나무(콩과의 낙엽교목)의 열매로 회화나무는 다복(多福)을 상징하여 집안에 심는 경우가 많았다고 한다. 꽃봉오리를 괴화(槐花)또는 괴미(槐米)라고 하며, 열매를 괴실(槐實)이라 하는데, 모두 약용으로 사용한다.
괴화는 다색성 염료로서 매염제에 따라 아름다운 황색이 얻어질 뿐만 아니라 짙은 카키색을 얻을 수 있다. 황벽 또는 치자 등에 비하여 일광견뢰도가 우수하다는 장점이 있다. 괴화는 백반매염에 의해 황색으로 염색되었으며, 철매염에 의해 황금빛이도는 짙은 카키색으로 염색되었다(【그림 206】).
괴화 백반 염색 후 생쪽으로 염색하면 황록색을 얻을 수 있는데, 여러 문헌에서 찾아볼 수 있다.
『閨閣叢書[238]』에 쪽과의 염색으로 초록색을 염색할 수 있다고 하였으며, 『임원경제지』에도 쪽 염색 후 괴화염색을 하면 관록색(官綠色)을 염색하는데 사용했다고 기록되어 있다.

본 실험에서는 직물(100g)과 염료의 양(100g)을 동일하게 사용했

---

238) 빙허각이씨, 정양완(譯), 前揭書, p.150.

으며, 백반은 직물의 5%, 철은 직물의 1%를 사용하였다.

《염액 추출》
· 염료를 씻어 통에 넣고 물(2L)을 부은 다음 불에 앉혔다. 염
  액이 끓기 시작한 후 20분 정도 더 끓여주었다.
· 5분정도 놓아두어 염재가 가라앉은 후 소쿠리에 무명 천(광
  목)을 깔고 받쳐 염액을 내렸다.
· 다시 물(2L)을 넣고 끓인 다음 2차 추출액을 얻어 처음 염액
  과 혼합하여 염액을 얻었다.

《염색순서》
염색(15분) → 수세 → 매염(15분) → 수세 → 염색(30분) → 수
세 → 매염(15분) → 수세 → 건조
* 철매염을 할 때는 두 번째 매염 단계부터 철매염을 하였다.

※ 괴화, 소목, 꼭두서니, 정향, 물푸레나무, 쑥, 오배자는 염액
  추출과 염색방법을 동일하게 하였다.

(5) 소목(蘇木)

우리나라에는 삼국시대에 소방전(蘇芳典)이란 염색기관이 있었
던 것으로 보아 이미 이때부터 소목이 전래되어 사용된 것으로
추측한다. 고려시대에도 소목이 수입되었으며, 조선시대부터는 본
격적으로 소목무역을 하여 염료로 사용하였다. 그러나 조선조 세
종 9년에 지초의 가격이 너무 비싸고 희소하므로 진상의대나 궐
내 사용을 제외하고는 사용을 금하게 하라는 사간원의 상소가 있
었다.239)

목재는 단단하고, 심재(心材)는 밝은 홍색이며, 나무껍질과 열매에는 색소를 가지고 있어서 홍색염료의 자원으로 사용하였다. 소목은 소방목(蘇枋木), 단목(丹木), 목홍(木紅), 다목 등으로도 불리워진다. 소목은 매염제 따라 홍(紅)과 자(紫)로 염색되는 다색성 염료로, 일광에 퇴색하기 쉬운 결점이 있으나 색소가 많이 포함되어 있으며, 염색법이 쉽고 매염제의 종류에 따라서 다양한 색을 얻을 수 있는 장점이 있다. 『임원경제지』에는 "소홍색은 다듬질한 명주 10냥중으로 기준을 삼고, 소목 4냥과 황단(黃丹) 1냥, 회화 1냥으로 볶아서 가루로 찧어 백반 1냥을 보드라운 가루로 만든다. 또 다른 방법으로는 괴화를 소목과 함께 볶아서 사용하는 것이 있는데 대단히 묘(妙)한 방법이다"라고 기록하고 있다. 실제로 괴화염색 후 소목염색을 한 결과 주홍색을 얻을 수 있었다. 소목은 다색성 염료로서 백반(알루미늄 매염)에 의해서 홍색을 얻을 수 있었고, 철매염에 의해 자주색을 얻을 수 있었다(【그림 207】).

(6) 꼭두서니(茜根)

꼭두서니과에 속하는 여러해살이 덩굴식물로 쪽과 함께 오래전부터 사용되어온 염료이다. 꼭두서니는 '천근'이라고도 한다. 뿌리는 굵은 수염뿌리이고 황적색으로 재래종은 가는 수염같이 뿌리가 가늘고 길다.

『임원경제지』에 "꼭두서니 뿌리를 쇠붙이에 닿지 않게 하여 찧어 갈아서 백반을 섞어 명주에 물들인다"는 기록이 있다.

그러나 구하기 힘들어 서양꼭두서니를 염재로 많이 사용한다. 서양꼭두서니는 봄에 싹이 나올 때 뿌리를 캐내어 쓰는데, 뿌리는 그대로 물로 씻지 않고 햇볕에 말려서 건조한다. 뿌리가 오래되지 않

---

239) 世宗實錄, 卷三十五, 九年 二月條.

도록 가능한 빨리 염색해야 하며, 색소함유량이 적어서 염색을 하기 위해서는 다른 염재보다 세배정도 더 사용했다. 꼭두서니 뿌리는 채취한 후 시간이 오래되면 염색되지 않으므로 채취해서 건조한 다음 곧 사용하는 것이 좋다.

꼭두서니는 염색 시 염액의 온도가 80℃ 이상에서 색상이 잘 나온다. 색소의 흡수성이 빠르므로 물에 넣자마자 뒤적거려야 얼룩이 생기지 않는다.

백반매염에 의하여 주황빛이 도는 살구색으로 얻을 수 있었으며, 철매염에 의해서는 갈색을 얻을 수 있었다(【그림 211】).

(7) 물푸레나무(진피)

물푸레나무는 진피(秦皮)라고도 하며 옛날에는 쉬청나무 또는 물푸레라 하여 한약으로 많이 사용하였다고 한다. 『임원경제지』에는 "진피를 가루로 만들어 끓여서 염색한다"라고 기록되어 있다. 물푸레나무의 나무껍질은 무척 단단하여 채취하기가 매우 어렵다고 한다.

염색결과 백반매염에 의하여 옅은 베이지색, 철매염에 의하여 옅은 카키색으로 염색되었다(【그림 209】).

(8) 정향(丁香)

정향은 꽃이 피기전의 꽃봉오리를 수집하여 말린 것으로 정향 또는 정자(丁字)라고 하며 검은 홍색을 띄었다. 꽃봉오리에는 향기가 있어 옛날에 신하들이 임금을 배알할 때 입에 머금은 후 배알하였다고 한다. 정향은 향이 있기 때문인지 염액을 추출할 때 머리가 아플 정도로 냄새가 지독했다.

염색결과 백반매염에 의하여 베이지색으로 염색되었으며, 철매염에 의하여 짙은 갈색으로 염색되었다(【그림 210】).

(9) 쑥 (艾)

쑥은 채취시기에 따라 색상의 차이가 있었는데 5월 단오이전의 생쑥으로 염색했을 때는 밝은 연두빛을 낼 수 있었다. 또한 건쑥이냐 생쑥이냐에 따라서도 색상의 차이가 있었다. 생쑥으로 염색할 경우에는 건쑥으로 염색할 때보다 염재의 양을 약 3배 정도 많이 했다.

백반매염의 경우 옅은 아이보리 색상을 얻을 수 있었는데 생쑥은 밝은 기운을 띠고, 건쑥은 가라앉은 색을 띤다. 철매염의 경우에는 짙은 카키색이 도는 회색빛을 얻을 수 있었다(【그림 212】).

(10) 오배자(五倍子)

오배자란 식물나무에 붙어 기생하는 충낭(벌레주머니)으로서 가을에 크기가 다섯 배로 커진다 하여 붙여진 이름이라고 한다. 문헌에 오배자 자체로 염색한 기록은 없으나 검정색(玄色)을 낼 때 바탕에 쪽 염색을 한 후 오배자 철매염을 한 기록이 있다.[240] 오배자 역시 다색성 염료로서 매염제에 따라 색상이 다르게 나타났는데, 백반매염에 의해 옅은 베이지 색을 얻을 수 있었으며, 철매염에 의해서는 회색빛이 도는 보라색을 얻을 수 있었다(【그림 208】).

---

240) 이병찬, 국립중앙박물관 염색교실

【그림 202】홍화
명주/모시/삼베/손무명/숙고사

【그림 203】
쪽(모시)

【그림 204】
쪽(명주)

【그림 205】자초: 무매염/백반/철
모시/삼베/손무명/숙고사/명주

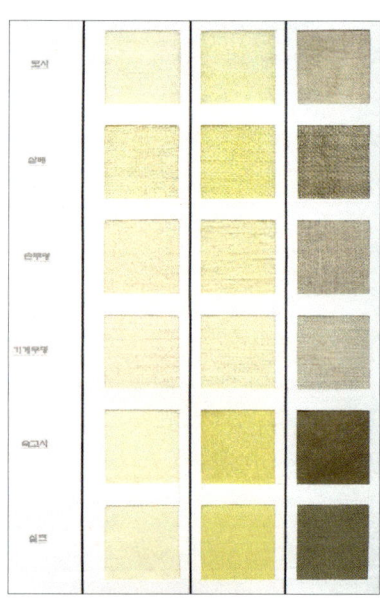

【그림 206】괴화: 무매염/백반/철
모시/삼베/손무명/숙고사/명주

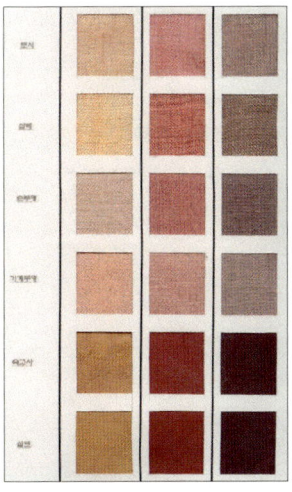

【그림 207】 소목
무매염/백반/철
모시/삼베/손무명/숙고사/명주

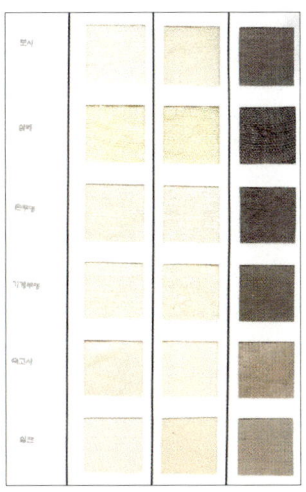

【그림 208】 오배자
무매염/백반/철
모시/삼베/손무명/숙고사/명주

【그림 209】
물푸레나무
백반/철
손무명/삼베/모시/명주

【그림 210】 정향
무매염/백반/철
모시/삼베/손부명/숙고사/
명주

【그림 211】 꼭두서니
무매염/백반/철
모시/삼베/손무명/숙고사
/명주

【그림 212】 쑥
무매염/백반/철
모시/삼베/손무명/숙고
사/명주

3. 침선기법

본 절에서는 조선시대 각종 침선소품에 나타난 전통침선기법을 살펴보았으며, 실제 작품제작에 응용하였다.

조선조 후기 고서인 『조침문』을 보면

"…… 누비며, 호며, 감치며, 박으며, 공그릴 때에 겹실을 꿰었으니 봉미를 두르는 땀땀이 떠갈 적에 수미가 상응하고 솔솔이 붙여 내매 조화가 무궁하다……"

라고 하여 여러 가지 침선기법을 볼 수 있는데, 조선조에서는 계절에 따라서 옷감과 바느질 방법이 달라져서 오묘한 아름다움을 지녔다. 겨울에는 솜을 넣어 따뜻한 옷을 지었고 봄, 가을이 되면 겹으로 하되 이른봄, 늦가을에는 다듬이질 한 옷감으로 바느질하고 늦봄, 이른 가을에는 쟁친 옷감으로 바느질하였다. 여름이 되면 생올로 된 옷감에 홑으로 솔기를 가늘게 바느질하였다. 이렇게 계절 감각이 예민한 민족도 드물 것이다.

따라서 전통바느질 기법241)은 감침질, 홈질, 박음질, 상침질, 사

---

241) 동아출판사 편집부, 『국민생활백과 하권』, (서울: 동아출판사, 1965), pp.208~209.
　　　박경자, 임순영, 『한국의복구성』 (서울: 수학사, 1994).
　　　손경자, 『전통한복양식』 (서울: 교문사, 1995).
　　　김분칠, 『한복구성학』 (서울: 교문사, 1995).
　　　김분옥, 『한복생활』 (서울: 교문사, 1982).
　　　박영순, 『전통한복구성』 (서울: 신양사, 1995).
　　　이주원, 『한복구성학』 (서울: 경춘사, 1997).
　　　백영자, 『한국의 봉제』 (서울: 교학연구사, 1998).
　　　김정호, 이미석, 『우리 옷 만들기』 (대전: 한남대 출판부, 2000).

뜨기, 시침질, 공그르기, 풀칠하기 등을 기본으로 하여 이음새나 용도, 위치에 따라 적절히 사용한 것을 알 수 있다. 또한 용도에 따라 바느질 방법이 각기 달랐는데, 홑바느질, 겹바느질, 누비바느질로 나눌 수 있으며, 이중에서도 실용과 장식적인 목적에서 누비바느질이 많이 이용되었다.

1) 홈질

    홈질은 가장 기본이 되는 손 바느질법으로 헝겊을 겹으로 해서 용도에 따라 일정한 간격으로 땀의 크기를 조절하여 꿰매는 바느질법이다. 박이옷을 제외한 겹옷, 홑옷의 모든 솔기를 잇는데 쓰이며, 누비를 할 때도 홈질을 이용한다.

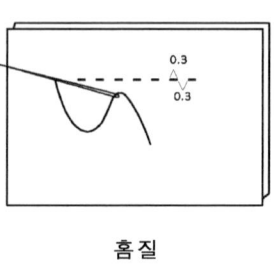

홈질

2) 박음질

    박음질은 솔기를 튼튼하게 하기 위하여 바늘땀을 뒤로 되돌아 뜨는 바느질로서, 되돌아 뜨는 땀의 간격에 따라 온박음질과 반박음질이 있다.

    온박음질은 그림과 같이 한 땀의 크기만큼 완전히 뒤로 되돌아 뜨는 것으로 튼튼하게 꿰매어야 할 부분에 이용된다. 반박음질은 그림과 같이 한 땀 크기의 반만큼만 뒤로 되돌아 뜨는 것으로 겉에서 볼 때 홈질과 같아 보이나 홈질보다는 튼튼하다.

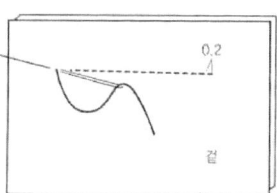

온박음질

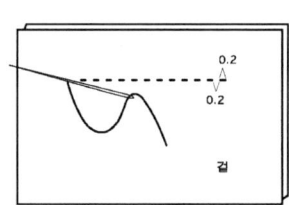

반박음질

3) 시침질

옷감을 두 겹 이상 겹쳐놓고 직물을 고정시킬 때나 단을 접을 때, 바느질할 때 밀리지 않고 비뚤어지지 않도록 하는 바느질법으로 홈질과 같은 방법으로 하되 땀을 2~3cm 길이로 하고 땀의 간격은 0.5~1cm로 한다. 완성선 보다 약간 안쪽으로 시침질 하여야 하며 실을 너무 당기지 않도록 한다.

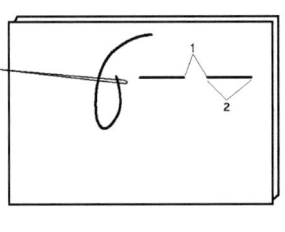

시침질

4) 감침질

감침질은 홈질 다음으로 많이 쓰이는 바느질 방법으로 조각천을 잇거나 끈을 만들 때 조각천의 안과 안을 맞대고 겉에서 바느질할 때 쓰이는 것으로 조선시대 조각보에서는 조각천을 이을 때 거의 감침질을 이용한 것으로 보인다. 바늘땀이 어슷하게 나타난다. 실이 늘어지거나 당겨지지 않도록 일정하게 잡아당기고 땀을 고르게 뜨도록 한다. 이때 실 색상을 바탕천과 대비되는 색상으로 하면 장식의 효과를 얻을 수 있다.

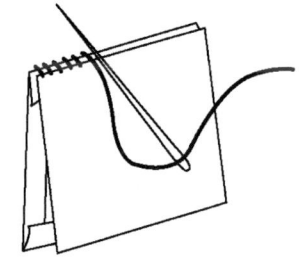

감침질

5) 공그르기

공그르기는 단을 정리할 때나 창구
멍을 막을 때 주로하며, 실이 겉으로
나오지 않게 속으로 떠서 꿰매는 바느
질 방법으로 땀이 고르고 실의 당김이
같아야 바느질이 곱고, 겉으로 바느질
땀이 보이지 않는다.

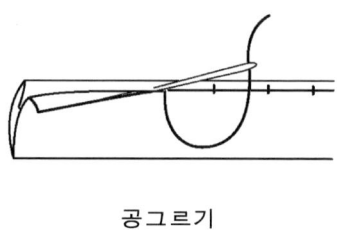

공그르기

6) 상침질

침선소품류에 많이 나타나는 바느질중의 하나로 상침질은 겉감
쪽에서 하는 바느질이다. 바늘땀이 겉에서
보이기 때문에 주로 장식바느질로 많이
사용한 것으로 보인다. 바느질방법은 반박
음질과 같은 원리이나 모양이 다르며, 조
각보에 두땀상침, 세땀상침을 장식으로 사
용한 것을 볼 수 있다.

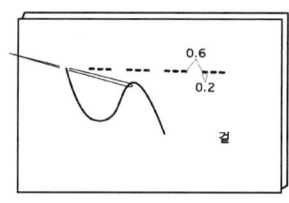

상침질

7) 사뜨기

사뜨기는 양끝이 마무리된 것을 합칠 때 쓰는 방법으로, 양쪽을 서로 비스듬히 떠 준다. 골무나 노리개, 타래버선, 수저집 가장자리 등 빳빳하거나 두꺼운 면에 튼튼하면서 장식효과를 내는 바느질법이다.

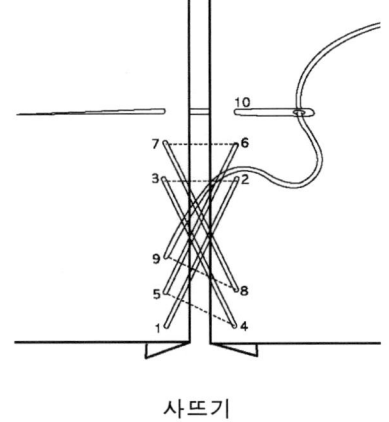

사뜨기

8) 곱솔

솔기를 세 번 곱쳐 박아서 올이 풀리지 않고도 가늘고 곱게 바느질하는 방법으로 모시나 삼베로 홑보자기를 만들 때, 깨끼옷이나 적삼 같은 홑옷의 솔기에 많이 쓰인다.

먼저 두 장의 천을 겉끼리 맞대어 놓고 완성선에서 0.4㎝ 밖을 박은 후 박은 선을 꺾어 넘겨 네 겹을 함께 겹쳐서 박은 선에서 0.2㎝ 들어와 다시 박은 다음 남은 시접을 바싹 베어내고 두 번째 박은 선을 다시 꺾어 넘겨 첫 번째 박은 선과 두 번째 박은 선의 사이를 곱게 박는다. 조각천을 연결할 때 조각천이 사선일 경우에는 미리 사선 쪽 시접을 한 번 홈질하여 추스린 후 바느질을 해야 늘어나는 것을 막을 수 있다. 박은 솔기선이 겉감 쪽에서 한 줄로 나타난다.

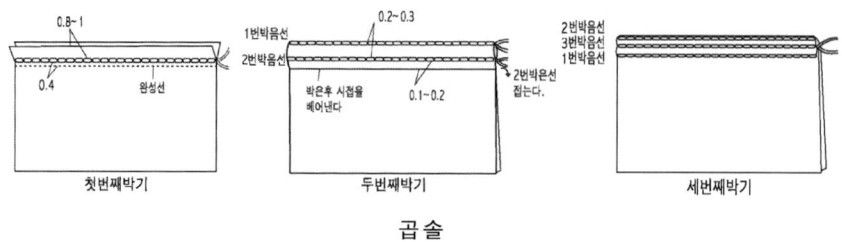

첫번째박기   두번째박기   세번째박기

곱 솔

9) 쌈솔

유물에서 보이는 조각보 중 모시나 삼베는 조각을 이을 때 곱
솔 또는 쌈솔 기법을 사용하였으며, 갑사, 항라 등 얇은 옷감의
조각을 연결할 때도 앞뒤 바느질선이 똑같이 나타나는 쌈솔을 많
이 이용하였다(【그림 140~142】).

· 조각천을 각각 0.5cm 시접으로 접어 다림질한 후, 시접선이 얇게 되
　도록 하기 위해 시접을 0.2cm~0.3cm 정도 더 잘라낸다.
· 시접 양끝을 서로 엇갈리도록 끼워 홈질로 시침한다.

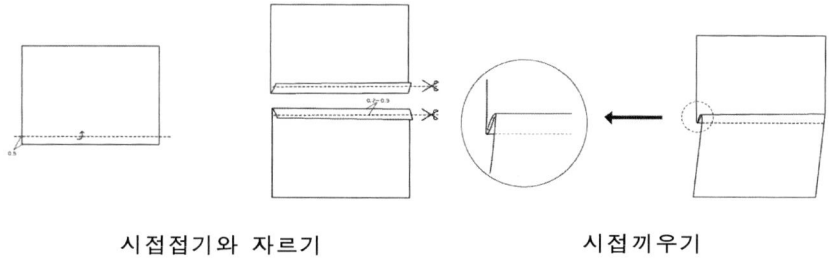

시접접기와 자르기   시접끼우기

· 앞쪽 조각천을 접어 감침하고 뒤쪽 조각천을 감침한다.
· 앞뒤 모두 완성한 후 시침실을 빼고 다림질 한다.
· 앞뒤 바느질선이 똑같이 나타난다.

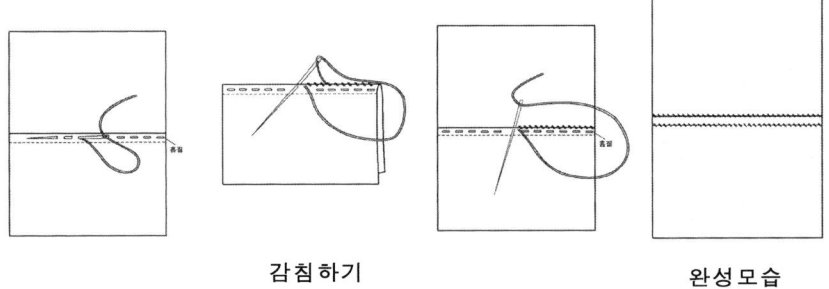

감침하기   완성모습

10) 쌍밀이단추

　쌍밀이단추는 각종 침선소품류에 많이 나타났는데, 특히 조각보
에 많이 보였으며 실용과 장식을 겸하여 쓰여지고 있었다.
　정사각형의 헝겊을 대각선으로 연결되는 양쪽 끝에서 중앙을
향해 말아간다. 양쪽이 딱 맞추치게 되면 반으로 접은 후 접은 중
심에서 0.3~0.5cm 아래를 실로 단단히 묶고 윗부분을 양쪽으로
벌려준다. 묶고 난 나머지 부분은 0.2cm 남기고 잘라낸 후 잘린
부분에 풀을 약간 발라 다리미로 납작하게 눌러준다. 필요한 위치
에 홈질을 이용하여 붙여준다.

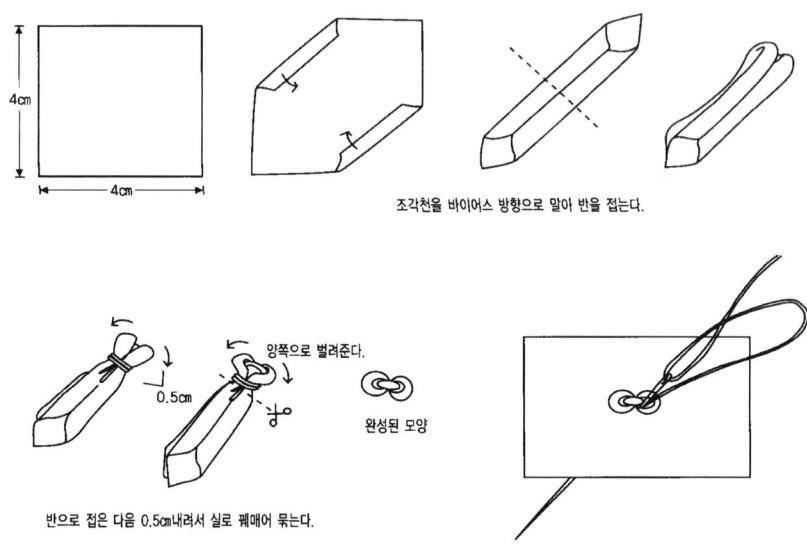

조각천을 바이어스 방향으로 말아 반을 접는다.

양쪽으로 벌려준다.
0.5cm
완성된 모양

반으로 접은 다음 0.5cm내려서 실로 꿰매어 묶는다.

쌍밀이단추 만들기와 달기

11) 누 비

　누비는 옷감의 내부와 외부 사이에다 솜을 두고 꿰매는 일종의 홈질하는 바느질법이다. 즉 옷감사이에 둔 솜이 밀리는 것과 솜의 떨어짐을 막기 위해 일정 간격을 두고 2, 3올씩 떠주는 방법으로 누비의 목적은 옷감의 보온과 보강을 위한 것이지만 장식성도 있는 것을 볼 수 있다.

　누비종류에 관한 기록으로는 조선 말기 『宮中撥記』에 보면, 복식류에 누비, 잔누비, 세누비가 있고 침장류에 오목누비, 중누비, 잔누비, 납작 누비 등의 기록이 보이고 있다. 중요민속자료 제211호인 덕온공주의 누비저고리와 210호인 고종의 누비저고리의 누비간격이 모두 0.3인 것을 볼 때 잔누비, 세누비는 곧 누비의 간격을 의미하고 있음을 알 수 있다. 출토복식에서는 솜을 쓰지 않은 경우와 솜을 사용한 경우로 대별되며 누비의 간격이 0.3cm~10cm 이상으로 다양하다. 두껍게 솜을 넣은 경우는 누비간격이 넓고 바느질 땀수도 성글게 되어 있다. 반대로 얇게 솜을 넣은 경우는 누비간격이 좁고 바느질 땀수도 올을 셀 정도로 정교하며 특히 견 종류가 섬세하다. 면 종류는 대조적으로 누비간격이 좁아도 바느질 땀수는 명주보다 덜 섬세한데 이것은 직물 자체의 두께와 부드러움의 차이에서 오는 것이다.

또한 면종류를 사용하는 승려의 납의는 박음질로 되어 있는 것이 많은데 홈질보다 튼튼한 점도 있으나 면에는 정교한 홈질이 어려워 함 땀씩 뜨는 박음질로 하는데 겉에는 땀이 0.2~0.3cm만 나타나는 약식 박음질이어서 언뜻 보기에 홈질과 흡사하다. 광주이씨 면누비 액주음도 땀수가 촘촘하고 누비간격이 좁은 형태로 박음질을 사용하였다. 따라서 누비는 누비는 간격에 따라 잔누비 (세누비), 중누비, 드문 누비로 나눠지며 누빈 형태에 따라 오목누비, 납작 누비로 구분될 수 있다. 또한 봉재방법에 따라 홈질 누비와 박음질 누비로, 솜의 첨가 유무에 따라 솜누비와 겹누비로 나눠질 수 있다.242)

또한 바느질 방법에 따라 홈질누비와 박음질 누비로, 솜의 첨가 유무에 따라 솜누비, 겹누비로 나누어질 수 있다. 홈질은 재봉법 중 가장 기초가 되면서 가장 중요한 바느질법으로 홈질의 잘잘못은 바늘땀이 안, 팎이 모두 고르고 줄이 똑바르며 앞뒤 차이가 안 생기는 것으로 알 수 있다. 박음질도 마찬가지로 줄이 삐뚤어지지 않게 간격을 맞추어야 하며 이 경우는 홈질보다 훨씬 많은 시간과 노력이 소요되나 옷감의 보강을 위해서는 아주 합리적인 방법이다.

---

242) 박성실, "누비소고", 『服飾』, 한국복식학회, 1990.

(1) 잔누비

세목 누비 또는 세누비, 잔누비라고도 하는데 이는 누비 간격이나 폭이 중누비보다 좁은 것을 말한다. 솜을 얇게 두어 촘촘히 박음질한 것으로 상류계급의 저고리나 속바지 등에 많이 보이며, 누비보다 허리띠 같은 생활용품과 궁중 이불 등에 장식적인 아름다움을 더하기 위해 사용하였다. 이것은 좁고 촘촘하게 누빔으로서 한 겹의 두터운 옷감의 효과를 냈다고 한다. 누비폭이 보통 0.1cm에서 0.9cm까지이다.

(2) 중누비

오목누비 다음의 것으로 누비골이 넓고 깊은 상태를 말하며 의복류와 이불에 주로 사용했다. 누비의 폭이 대충 1cm 에서 8cm이다.

(3) 오목누비

밭고랑 형태로 솜을 두어 빽빽이 누빈 것을 응용한 것으로 솜을 두텁게 두고 누벼서 오목오목한 누비 효과를 나타낸다. 이는 두터운 솜옷이나 이불에 쓰였는데 누비골이 넓고 깊게 되어 그렇게 불리워졌다고 하며 누비폭은 보통 1cm 에서 1.2cm이다.

(4) 납작 누비

솜을 넣지 않고 안감과 겉감만을 누볐거나 아주 얇게 솜을 두고 고랑을 만들기 위해 누비 안쪽에 풀칠을 하여 가늘고 뾰족한 인두로 압력을 가하여 누비표면과 동일하게 홈이 지게 한 것이다. 누비폭은 대개 1cm에서 3cm이다.

(5) 색누비

여러 가지 다른 색의 실을 섞어서 누빈 것으로 쌈지(【그림 19 3~196】)와 누비 베갯모가 여기에 속하는데 보통 흰색, 노랑, 파랑, 빨강, 초록의 5색상을 잘 배합하여 回紋이나 떡살문양, 십자형 등의 형태를 무늬로 나타내어 바느질한 것을 말하는데 누비에 있어서 가장 공예적 요소를 많이 담고 있다.[243]

제2절 침선소품의 재현

본 절에서는 조선시대 침선소품의 재현을 통하여 제작기법을 알아보았다. 재현소품으로는 전통소품전문점에 대한 시장조사 결과 현재 응용의 여지가 높다고 생각한 골무, 바늘꽃이, 염낭, 귀주머니, 약주머니, 버선본집, 수저집을 선정하였다.

1. 골 무(【재현작품 1】)

겉감으로 배접지를 싼 후 안쪽에 안감을 붙이고 사뜨기를 이용하여 연결했다. 골무재현에 사용된 소재는 꼭두서니, 소목, 괴화, 쑥 등으로 염색한 명주와 숙고사를 이용하였으며, 침선기법으로는 감침질, 사뜨기, 풀칠하기를 이용했다.

---

243) 최인건, "손누비에 관한연구", (석사학위논문, 숙명여자대학교 대학원, 1988), p.14.

1) 제작법

① 겉감과 배접지에 겉감본을 앞, 뒤판용으로 각 2장씩 그린다.
겉감에는 시접을 0.7cm 정도 주고 자르고, 배접지는 본대로
시접 없이 잘라놓는다. 이때 배접지가 딱딱하면 젖은 수건
에 싸서 물기를 준다. 안감은 2장은 시접 없이 자른다.

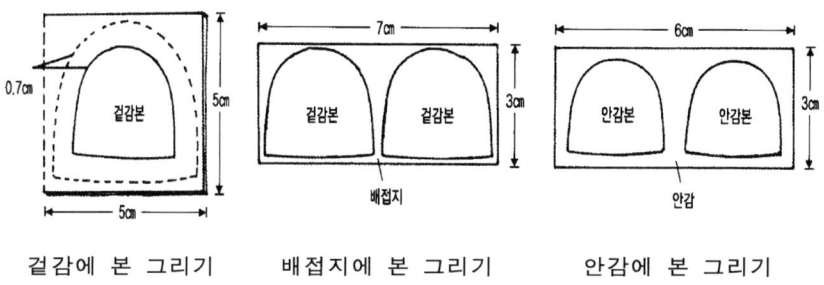

겉감에 본 그리기   배접지에 본 그리기   안감에 본 그리기

② 겉감(앞뒤 2장) 전체에 풀을 칠한 후 배접지를 가운데 놓고
붙인다. 시접둘레를 각이 지지 않게 접어 넣는다.

겉감에 배접지 붙이기

③ 시접이 접혀 들어간 안쪽에 안감을 붙여 마무리한 후 앞뒤
  판을 마주대고 사뜨기를 하여 합친다.

안감 붙이기

④ 손가락 모양의 나무봉을 골무 속에 넣고 꼭꼭 눌러가며 모
  양을 예쁘게 정리한다.

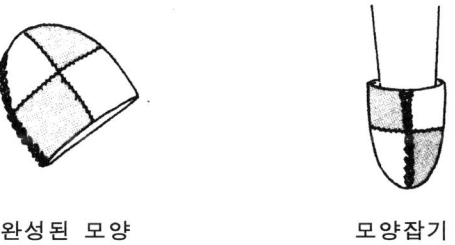

완성된 모양   **모양잡기**

2) 완성

【재현작품 1】 골무

2. 바늘꽂이(【재현작품 2】, 【재현작품 3】)

바늘꽂이 역시 여러 개의 조각천을 이어 붙여 만든 것으로, 본 바늘꽂이 재현에 사용된 소재는 쑥으로 염색한 명주와 소목, 꼭두서니, 괴화, 오배자로 염색한 모시를 이용하였으며, 침선기법으로는 감침질, 홈질, 시침질, 쌍밀이단추, 매듭단추를 이용하였다.

1) 제작법

① 5.5cm×5.5cm 조각천을 0.5cm 시접으로 하여 다림질하여 꺾는다. 이때 자를 대고 바늘로 한 번 긋고 손으로 접은 후 다림질하면 시접이 깨끗이 꺾인다. 색상배열을 한 후 두 개의 조각을 안과 안을 마주대고 겉에서 감침질한다. 이렇게 해서 다섯 개를 모두 붙인다.

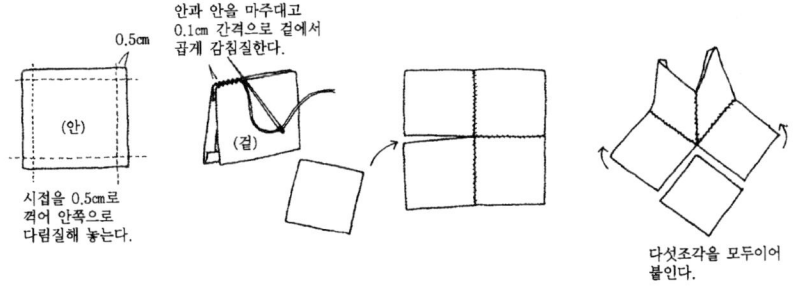

조각천 연결하기

② 5.5cm×7cm 조각천을 0.5cm 시접으로 꺾은 후, 다섯 개를 이어 붙인 곳에 하나씩 붙인다. 그림과 같이 모두 꿰매고 나면 바구니 모양처럼 된다.

③ 두꺼운 실(폴리에스테르실)을 약 4m로 잘라 바늘(9cm)에 꿰어 두 겹으로 한 후 실의 끝매듭을 굵게 짓는다. 그림과 같이 돌아가며 홈질을 한 후 바늘을 매듭진 실 끝의 실사이로 빼어 걸어 놓는다.

④ 캐시미론솜을 손바닥 크기정도(지름 20cm 정도)로 잘라 둥글게 만져 4개를 만든다. 솜 4뭉치를 위로 겹쳐 놓은 다음 두손으로 솜을 최대한 쪼인 다음 안에 집어넣는다. 홈질해

놓은 실을 잡아 당겨 오백 원짜리 동전크기 정도로 오므라들 때까지 쪼인 후 실이 풀어지지 않도록 천에 고정시켜놓는다. 그림과 같이 천의 끝을 하나씩 포개어 정리한 후 실을 건네 가며 떠서 고정시킨다.

솜을 넣어 홈질한 실을 잡아당겨 조인다.

솜넣어 고정시키기

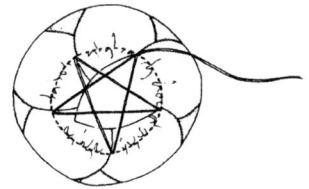

시접을 하나씩 포개어 넣고 실을 건네가며 고정시킨다.

솜넣기

⑤ 그 상태에서 바늘을 솜 안을 통과하여 중앙(오각형형의 중심)으로 빼내어 감침질한 바느질 사이를 건너뛰면서 5번 반박음질 한다. 그 다음 각각의 꼭지점으로 바늘을 넣어 감침질한선 사이를 건너 뛰어 징그면서 잡아당겨 밑에서 고정시켜놓는다.

⑥ 쌍밀이단추를 만들어 가운데에 놓고 고정시킨다. 그리고 마분지 가장자리를 바이어스천을 두르고, 그림과 같이 송곳으로 구멍을 뚫어놓는다. 계속해서 바늘을 마분지 구멍으로 넣어 꼭지점으로 빼낸다. 다시 감침질한선 사이를 건너뛰어 밑으로 집어넣어 아래구멍으로 빼낸다. 돌아가며 다섯 군데 모두 한다. 밑바닥에 명주를 붙여 깨끗이 마무리한다.

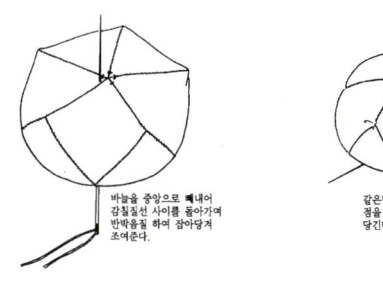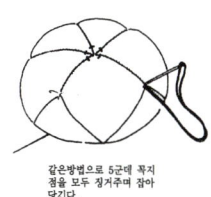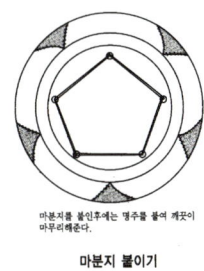

바늘을 중앙으로 빼내어
감칠질선 사이를 돌아가며
반박음질 하여 잡아당겨
조여준다.

같은방법으로 5군데 꼭지
점을 모두 징거주며 잡아
당긴다.

마분지를 붙인후에는 명주를 풀어 깨끗이
마무리해준다.

마분지 붙이기

징거주기   마분지 붙이기

2) 완성

【재현작품 2】 명주 바늘꽂이

【재현작품 3】 모시 바늘꽂이

3. 염낭(【재현작품 4】, 【재현작품 5】)

염낭은 가장 흔히 쓰여진 주머니로 둥근 형태이다. 윗부분에 주름을 잡고 두 줄의 끈을 마주 꿰게 된 작은 주머니로 위는 모가 지고 아래는 둥근데, 끈을 졸라매면 위가 더욱 오그라져 전체가 둥근형태가 된다.

본 염낭 재현에 사용된 소재로는 분홍색, 연두색 양단과 검정색, 흰색, 분홍, 초록, 노랑색의 숙고사를 사용했으며, 침선기법으로는 홈질, 세땀상침 등이 이용되었다.

1) 제작법

① 그림과 같이 본을 떠서 마름질 한다

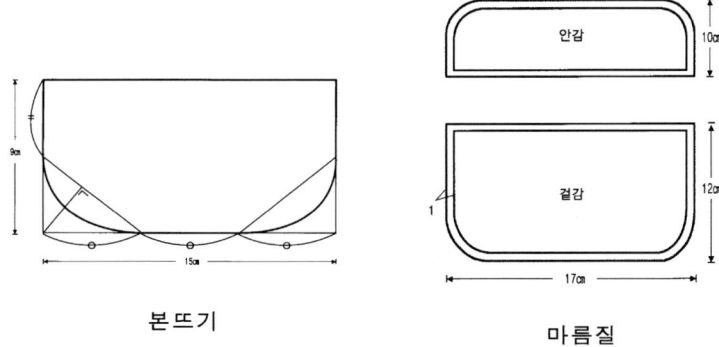

본뜨기   마름질

② 겉감과 안감을 연결하여, 겉과 겉이 마주보도록 놓고 중심선
  을 접어 4겹 이 되도록 한다.

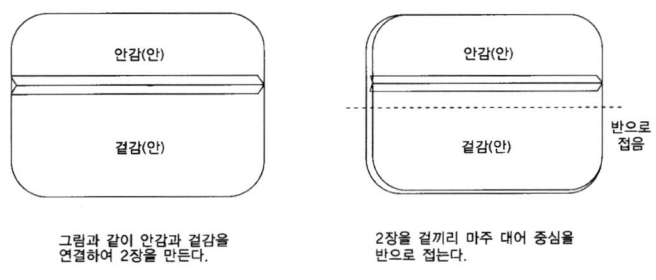

그림과 같이 안감과 겉감을   2장을 겉끼리 마주 대어 중심을
연결하여 2장을 만든다.   반으로 접는다.

안, 겉감 연결하기

③ 창구멍(맨 위 1겹만 빼고 3겹을 박음)만 빼고 완성선을 4겹
  박기 한다.
④ 시접을 꺾어 다린 후 창구멍으로 뒤집는다. 창구멍의 시접을
  안으로 넣은 후, 공그르거나 시침질을 하여 막는다. 창구멍

이 안으로 들어가도록 또 한 번 뒤집는다.

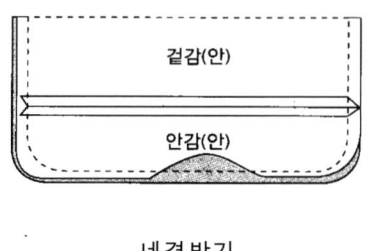

네겹박기

⑤ 끈을 넣을 구멍을 송곳으로 뚫은 다음, 왼쪽 앞으로 끈을 넣어 오른쪽 앞에서 뒤쪽을 지나 왼쪽 뒤쪽으로 나오게 한다. 가지런히 주름을 잡아 끈을 조인 후 왼쪽에서 묶어 준다.

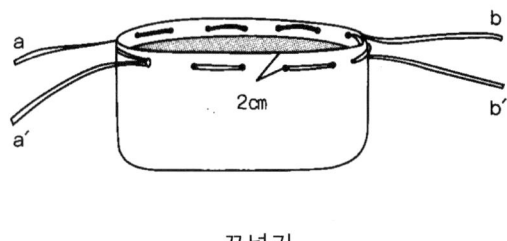

끈넣기

2) 완성

【재현작품 4】 숙고사 염낭

【재현작품 5-①, 5-②】 양단 염낭

4. 귀주머니(【재현작품 6】, 【재현작품 7】)

귀주머니는 정사각형의 주머니 형태를 만들어 입구부분에서 세 골로 접어 아래의 양쪽으로 귀가 나오게 된 주머니이다. 귀주머니의 특징은 닳기 쉬운(제일 마찰이 심한 부분) 양쪽 모서리인 두 귀와 중앙부 아래쪽을 따라 감싸듯이 한 겹 더 대고, 그 가장자리에 곱게 상침하여 장식적 효과와 실용적 효과를 겸하고 있다. 본 귀주머니 재현에 사용된 소재로는 흰색, 자주색 숙고사와 분홍, 옥색의 양단을 이용하였으며, 침선기법으로는 홈질과 세땀상침, 매듭단추를 이용하였다.

1) 제작법

① 그림과 같이 본을 떠서 마름질한다.

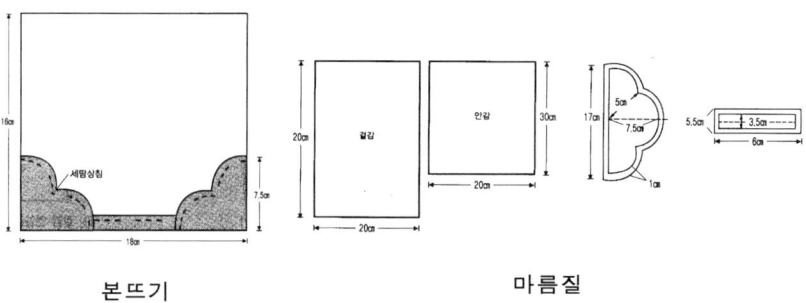

본뜨기   마름질

② 먼저 모양천의 시접을 안으로 접어 모양을 미리 만들어 놓는다. 겉감의 중심선과 덧대는 모양천의 중심선을 맞추어 세땀상침을 한다.
③ 겉 감와 안감의 겉을 마주대고 위, 아래 시접부분을 박고 시

접은 가름솔 로 한다. 시접부분이 맞닿도록 하여 안감은 안
감끼리 겉감은 겉감끼리 마주 닿도록 한다.

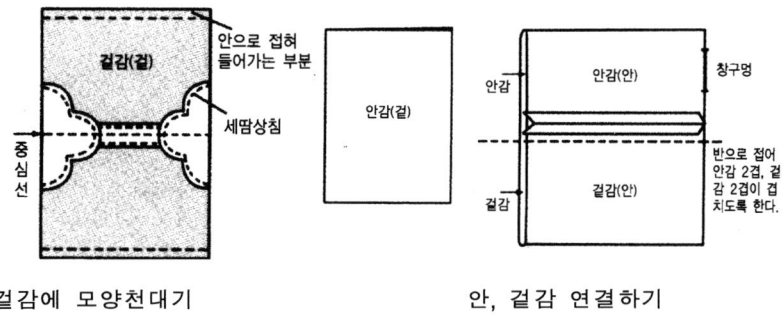

겉감에 모양천대기   안, 겉감 연결하기

④ 중심을 반으로 접는다. 옆선부분에 창구멍을 남기고 네겹박
  기를 한 후 뒤 집어 창구멍을 공그르고 다시 뒤집는다. 주
  머니 윗부분을 세 등분으로 나누어 접은 후 끈을 꿰어 완성
  한다.

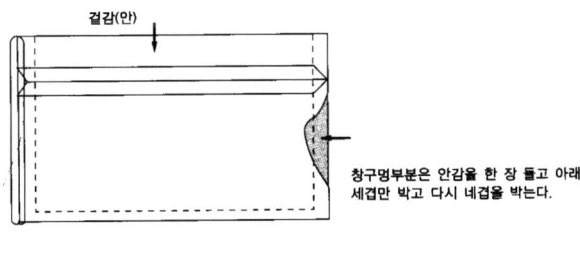

네겹박기

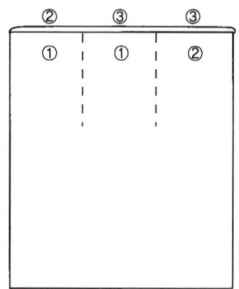 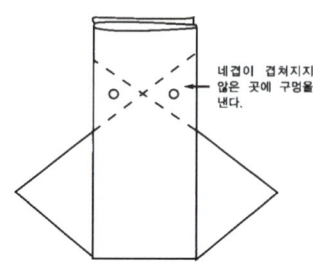

네겹이 겹쳐지지
않은 곳에 구멍을
낸다.

끈꿰기

2) 완성

【재현작품 6】숙고사 귀주머니

【재현작품 7】 양단 귀주머니

5. 약주머니(【재현작품 8】, 【재현작품 9-①, 9-②】)

　주로 환약을 넣어 휴대했던 주머니로 만드는 방법이 특이하다. 직사각형의 천을 겉과 겉을 맞대고 박아 창구멍으로 뒤집은 후 종이 접듯이 접어서 만든다.

　본 약주머니 재현에 사용된 소재로는 황금색, 자주색 운문단과 청색 숙고사를 이용하였으며 침선기법으로는 홈질과 감침질 매듭 단추를 이용하였다.

1) 제작법

　① 약주머니의 크기는 가로의 길이를 세로의 길이 2배로 하여

마름질한 후 겉감의 겉과 안감의 겉을 마주대고 창구멍을 남기고 박는다. 창구멍으로 뒤집어 다림질하여 반듯하게 직사각형의 형태로 만든다.

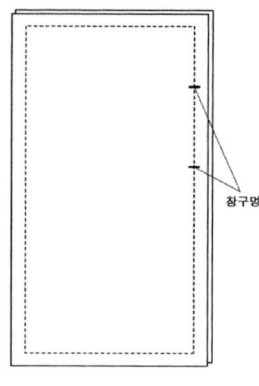

안감, 겉감 박기

② 그림과 같이 중심선을 표시한 후 안쪽으로 접는다.

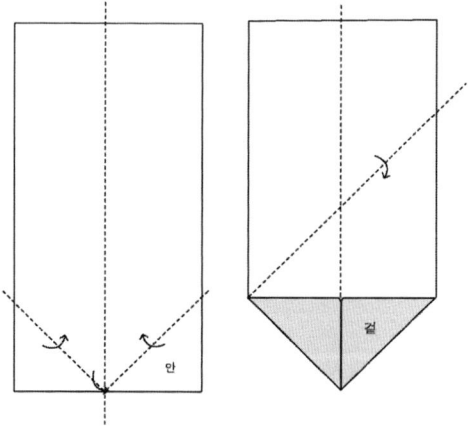

중심선 표시하여 접기

③ 접은 후 선을 따라 감침질이나 공그르기를 한다.

④ 양 옆선을 1.5cm 정도로 접어 끈을 꿴다.

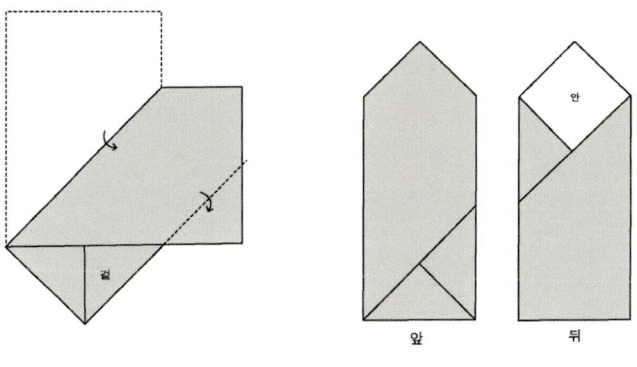

접은 선을 따라 감침하기

2) 완성

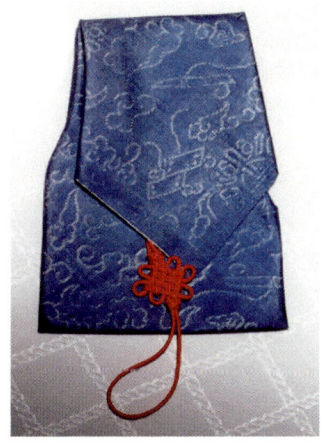

【재현작품 8】
숙고사
약주머니

【재현작품 9-①, 9-②】 운문단 약주머니

6. 조각보(【재현작품 10~12】)와 예단보(【재현작품 13】)

유물에서 보면 조각천을 이어 붙일 때는 감침질기법을 가장 많이 사용하고 있었고, 이때 실의 색상은 천의 바탕색과 대조되는 색의 실을 써서 바느질 땀을 선명하게 보여주고 있어 바늘땀을 장식으로 이용한 것을 볼 수 있었다. 또한 세땀상침을 장식으로 이용했으며, 조각모서리마다 쌍밀이단추를 붙여 장식의 효과를 더했다. 홑보를 만들 경우에는 주로 쌈솔 기법으로 솔기를 처리하고 있었다.

본 조각보와 예단보 재현에서는 소재로는 꼭두서니, 물푸레나무, 소목, 쪽, 괴화, 정향으로 염색한 명주와 숙고사를 이용하였으며, 침선기법으로는 감침질, 홈질, 세땀상침, 쌍밀이단추를 이용하였다.

1) 제작법

① 조각천 49장을 색상에 따라 배열한 후 감침질 기법을 이용하여 조각천을 연결한다.

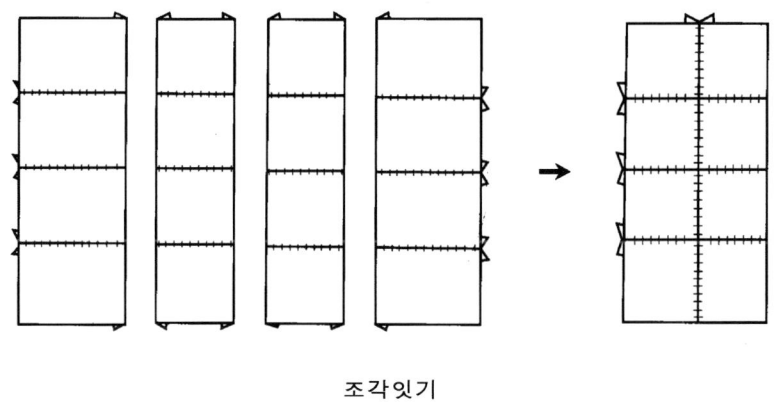

조각잇기

② 그림과 같이 겉감을 안감의 가운데 위치에 놓은 후 움직이지 않도록 시침 한다.
③ 안감을 접어 그림과 같이 감침질하여 겉감과 연결한 후 다림질 한다.

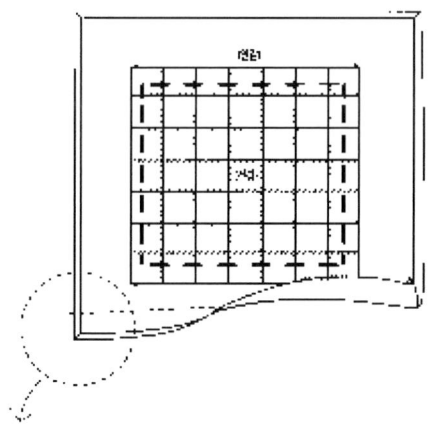

겉감과 안감 연결하기

④ 가장자리에 세땀상침 하여 겉감과 안감을 고정시킨다.
⑤ 5.5cm×13.5cm 조각천을 시접을 0.5cm로 다림질하여 꺾은
   후 감침질한 후, 반으로 접어 쌍밀이단추와 함께 보자기 중
   앙에 단다.

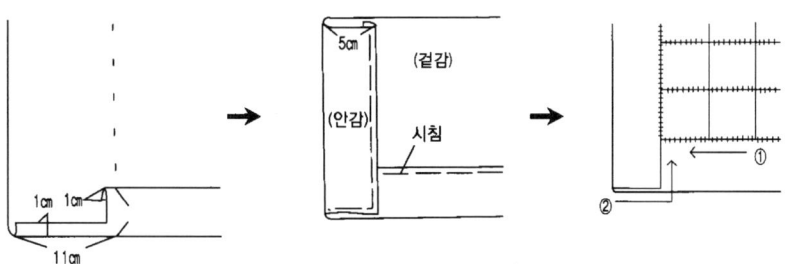

모서리 하기

2) 완성

【재현작품 10】 명주 조각보

【재현작품 11】 명주 조각보

【재현작품 12】명주 조각보

【재현작품 13】명주 예단보

7. 수저집(【재현작품 14】)

유물에서 보이는 수저집의 형태는 직사각형의 주머니 형태로 접
어 사뜨기 또는 감침을 했으며, 크기는 대략 폭 9~10cm, 너비 26~
28cm 정도이다.

본 수저집 재현에서는 소재로는 정향, 소목으로 염색한 명주와 운문단을 이용하였으며, 침선기법으로는 홈질, 세땀상침, 사뜨기, 매듭단추를 이용하였다.

1) 제작법

① 겉감, 안감(가로 20cm, 세로 29cm) 2장을 준비한 후 겉감과 안감 사이 위 부분에 바이어스천을 끼워 박아 뒤집는다.
② 윗부분에 세땀상침 하여 장식한다.
③ 아래그림과 같이 가운데 중심선 쪽으로 양쪽에서 접어 마주 치게 한 후 사뜨기 한다.
④ 위 입구 부분에서 5cm 아래에 두 개의 구멍을 뚫어 끈을 꿴 후 접는다.

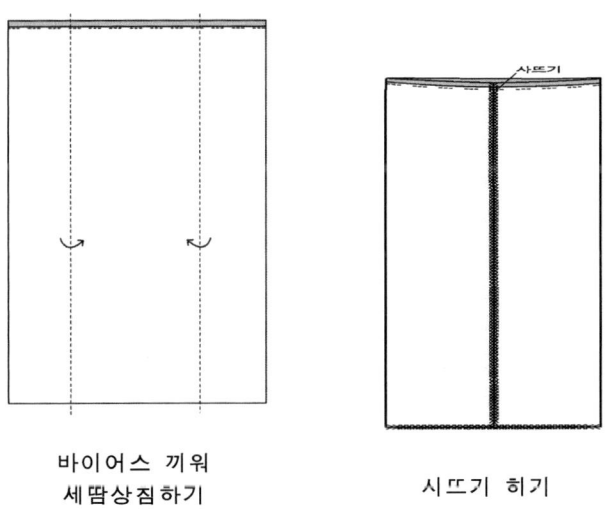

바이어스 끼워
세땀상침하기

시뜨기 하기

2) 완성

【재현작품 14-①, 14-②】운문단, 명주
수저집

8. 버선본집(【재현작품 15】)

버선본집은 정사각형의 보자기 형태를 접어 매듭단추로 연결하였다.
가장자리에는 장식천을 두르거나 잣을 물려 장식하였다.
  본 버선본집 재현에 사용된 소재는 자초, 홍화, 정향, 소목, 꼭
두서니로 염색한 명주이며, 침선기법으로는 홈질, 감침질, 공그르
기, 세땀상침, 매듭단추를 이용하였다.

1) 제작법

① 겉감(21cm×21cm) 에 바이어스(2.5cm)를 대고 박아 안쪽으로 넘겨 다림 질해놓는다. 안감(20.5×20.5)cm을 시접 1cm로 하여 다림질한 후 안쪽에 대고 공그르기 하여 겉감과 잇는다.

② 위 그림과 같이 두 귀는 접어 꿰매어 고정시키고 한쪽은 매듭단추를 단 다.

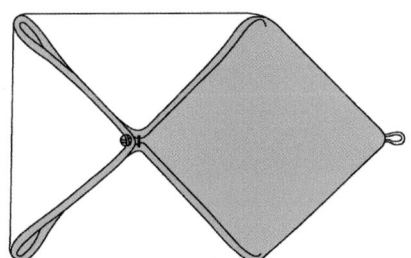 

양쪽 모서리 꿰매어 고정시키기   매듭단추 달기

2) 완성

【재현작품 15】 버선본집

제3절 침선소품의 응용

  본 절에서는 첫째, 현재 상품화되어 있는 침선소품류를 조사하기 위하여 서울 인사동거리의 전통소품 전문점244), 명동의 한국관광명품점245), 박물관내 기념품점246) 등을 중심으로 전통소품류와 전통기법이 응용된 침선소품류을 대상으로 시장조사를 실시하였으며 둘째, 조선시대 침선소품을 응용하여 본인이 창작한 응용소품을 제시하였다.

1. 현재상품화 되어 있는 침선소품류 조사

  인사동의 전통소품전문점들과 곳곳의 문화상품 판매점에서는 우리의 전통적인 멋을 살릴 수 있는 우리 옷과 소품, 미술, 도자기 공예 등 갖가지를 볼 수 있었다. 특히 침선소품류에는 여러 가지 종류가 나와 있었는데 골무, 바늘꽂이, 바늘집, 가윗집, 실패, 주머니, 노리개, 가방, 누비가방, 지갑, 컵받침, 방석, 쿠션, 식탁보, 컵받침, 스카프, 조각보, 상품권보, 발, 핸드폰줄, 핸드폰주머니 등 한국의 전통문양이나 소재를 현대인의 정서에 맞게 소품들을 개

---

244) 가나아트샵, 통인가게, 우리세계, 숍리, 가롬, 곤의딸, 꼬세르, 아라가야, 돌실나이 등등.

245) 한국관광명품점은 정부의 관광산업 활성화 차원의 일환으로 문화관광부의 주관하에 1999년 9월 17일 태동하였으며 한국관광협회 중앙회가 운영하는 한국외 공예문화상품 전문 판매 쇼핑몰이다.

246) 사전자수 박물관 1층 샵에는 침선에 필요한 도구와 한국전통소품인 골무, 바늘꽂이, 조각보, 귀주머니, 약주머니 등을 제작 판매하고 있었는데, 가격도 비싸지 않아 일본인 관광객들뿐만이 아니라 일반인들에게도 하나쯤은 갖고 싶은 소품으로 좋은 반응을 얻고 있었다.

발, 전시 판매하고 있었다.

　가리개나 발등은 모시를 주로 사용하여 고급스럽고, 깊이가 있었으며, 2쪽, 3쪽 가리개에는 전통적인 매듭단추를 이용하여 한결 멋스럽게 연출되고 있었다. 가격대는 대략 96,000~146,000원 사이였으며, 소재로는 모시 이외에 갑사가 사용된 것도 있어 모시가 주는 느낌과는 색다른 느낌을 보여주고 있었다. 방석이나 쿠션보가 있었는데 그 구성이나 종류가 다양했다. 가격은 25,000~32,000원까지 있었으며, 골무액자나 주머니는 28,000 가량이면 구입할 수 있었다. 또한 한국의 전통문양이 들어간 소재에 천연염색을 이용한 실크 스카프는 우리 전통색의 은은하고 우아한 색채미와 문양이 돋보였으며, 조각보, 수보 액자 등은 어느 회화 작품보다도 정감 있고 품위가 있었다. 그 밖에 누비가방, 양단으로 만든 핸드폰 주머니 등이 있었는데 현대적인 감각과 전통적인 장식요소(매듭, 노리개, 술, 누비, 자수……)를 이용하고 있었으며, 골무액자나 조각보 액자 등은 인테리어 소품으로도 활용할 수 있도록 하고 있었다(【그림 214】).

　최근 들어 인사동에는 「우리세계」, 「숍리」, 「가람」 등 전통이미지를 응용한 전문 소품 상점들이 문을 열었으며, 너무나 값지고 고귀한 '전통의 멋'을 외국인들은 물론 아직 인식하고 있지 못하는 우리의 젊은 세대들에게 자연스럽게 접근할 수 있도록 개발, 노력하고 있었다. 또한 문화상품에 대한 공모전(【그림 213】)도 많아져서 예전보다는 디자인이나 소재 면에서 한층 세련되어지고 다양화 된걸 볼 수 있다.

　이렇듯 전통과 현대의 자연스러운 만남으로 만들어진, 예술적 멋이 가미된 독특한 소품과 다양한 문화상품들이 외국 관광객들뿐만 아니라 우리나라 사람들 특히 젊은층에서의 큰 관심과 호응을 볼 수 있었다.

또한 한국에 거주하거나 방문하는 외국인 관광객들은 한국적인 상품을 선물로 구입하기를 희망하는 것으로 나타났다. 한국에 거주하는 외국인인 경우에는 전통적인 한국 상품에 관심을 가지고 있어서 가구라든가, 도자기류와 같이 한국을 기념할 수 있는 상품을 선호하고 있으며, 반면에 짧은 기간 동안 방문하는 관광객의 경우에는 한국적인 정서가 담겨있으면서도 방문을 기념할 만한 간단하면서도 의미 있는 상품을 구입하는 경향이 크게 나타났다.247) 또한 해외 출장이 잦은 비즈니스맨들은 외국인들에게 줄 선물로 한국적인 이미지가 담긴 문화상품을 구입하는 것으로 나타났다.

이러한 문화상품은 자체가 갖는 기능성이나 실용성 혹은 심미성에 한국적인 정서까지 포함하므로 활용의 여지가 높다고 보겠다.

---

247) 배천범, 박민여, 금기숙, "패션디자인 문화상품 개발, 육성 방안 연구", (서울: 문화관광부, 1998), p.38.

종류	소재 및 기법	가격대
【표 3】현재 상품화 되어 있는 침선소품의 종류		
골무	명주	10,000~12,000
바늘집노리개	명주	20,000~30,000
바늘꽂이	명주	30,000~5,5000
가윗집	공단, 수	20,000~30,000
실패	공단, 수	8,000~2,0000
조각보	명주, 조각 잇기	100,000~300,000
예단보	숙고사, 조각 잇기	30,000~50,000
누비 가방	실크, 누비	120,000~160,000
누비 손지갑	면, 누비	15,000~20,000
누비 안경집	양단, 누비	25,000
누비 명함집	양단, 누비	18,000
누비 도장집	양단, 누비	15,000
누비 필통	양단, 누비	25,000
누비 담배케이스	양단, 누비	25,000
도장 주머니	양단	5,000
핸드폰 주머니	양단	3,000~20,000
노방 주머니	노방	18,000
화장품 주머니	양단	7,000
상품권 주머니	물항라	12,000
모시지갑	모시, 매듭단추	12,000~18,000
모시 발	모시, 조각 잇기	100,000~300,000
모시 컵받침세트(5장)	모시, 전통문양 프린팅	15,000
모시 다포	모시, 전통문양 프린팅	15,000~20,000
모시 러너	모시, 조각 잇기	95,000~150,000
모시 조각 쿠션	모시, 조각 잇기	35,000~50,000
자수 브로우치	명주, 자수	30,000~50,000
자수 손거울	명주, 자수	18,000~30,000
자수 보자기 액자	면, 자수	300,000~500.000
천연염색 명주스카프	명주, 천연염색	90,000~12,000
광목 배겟잇	광목,	20,000
광목 누비쿠션, 방석	광목, 누비	30,000~50,000

금

상

은

상

특

선

【그림 213】『제1회 한국공예대전』 한국공예문화진흥원, 2000

【그림 214】 소품전문점에 진열된 상품들

2. 응용소품 제작

본 절에서는 조선시대 규방의 침선소품을 현대적으로 활용할 수 있는 응용소품을 창작하여 제시하였다.

1) 골무와 조각팬던트 목걸이(【응용작품 1-①, 1-②】)

조각천을 감침질 기법으로 연결하여 골무와 조각팬던트를 만들었다.

본 골무에 사용된 소재는 쪽, 쑥, 소목으로 염색한 명주이며, 조각팬던트는 정향, 홍화, 자초로 염색한 손무명를 이용하였다. 침선기법으로는 감침질, 홈질, 사뜨기를 이용하였다.

【응용작품 1-①, 1-②】 골무와 조각팬던트 목걸이

2) 조각 바늘꽂이(【응용작품 2-①, 2-②】)

본 조각 바늘꽂이에 사용된 소재로는 소목, 홍화, 괴화, 쪽, 쑥, 정향, 꼭두서니로 염색한 명주를 이용하였다.

침선기법으로는 감침질, 홈질, 시침질을 이용하였으며, 안에는 솜을 넣고 고리 또는 술을 매달았다.

【응용작품 2-①, 2-②】 조각 바늘꽂이

3) 모본단 주머니(【응용작품 3-①, 3-②】)

본 작품은 서로 재질이 다른 느낌을 주는 갑사와 모본단, 항라와 모본단으로 만들어 재질감의 조화를 이루어 보았다.

【응용작품 3-①, 3-②】
모본단 주머니

4) 쪽 염색을 이용한 주머니(【응용작품 4-①, 4-②】)

본 작품은 소재로 면을 이용하였으며, 염색은 쪽을 이용하여 홀치기염을 하였다.

【응용작품 4-①, 4-②】
쪽 염색을 이용한 주머니

5) 조각기법을 응용한 주머니(【응용작품 5-①, 5-②】)

본 작품에 사용된 소재는 오배자, 소목(철)으로 염색한 명주이며, 침선기법으로는 홈질, 공그르기, 풀칠하기를 이용했으며, 장식으로 세땀상침을 이용하여 조각천을 붙였으며, 주머니 가장자리에 바이어스를 둘렀다.

【응용작품 5-①】

본 작품에 사용된 소재는 소목, 쪽, 괴화 등으로 염색한 면이며, 조각을 내어 이어 붙여 만든 주머니이다.

【응용작품 5-②】

【응용작품 5-①, 5-②】 조각기법을 응용한 주머니

6) 면을 응용한 가방(【응용작품 6-①, 6-②】)

본 작품에 사용된 소재는 꼭두서니, 쪽, 홍화로 염색한 면을 이용하였다. 왼쪽가방은 꼭두서니로 염색한 면을 여러 겹 겹쳐 박은 후 사이사이를 가위로 잘라 올풀기 기법을 이용하여 모피의 느낌을 낸 가방이다. 오른쪽 작은 가방은 생쪽과 홍화로 염색한 면으로 만들었다.

【응용작품 6-①, 6-②】 면을 응용한 가방

7) 명주 스카프(【응용작품 7-①, 7-②】)

본 작품에 사용된 소재는 정향(백반), 소목(철)으로 염색한 명주이며, 끝마무리는 올을 풀어 마무리 하였다.

【응용작품 7-①】
명주스카프

본 작품에 사용된 소재는 꼭두서니(백반), 오배자(철)로 염색한 망사실크와 명주이다. 오른쪽 오배자 스카프에는 홀치기 기법으로 나비문양을 나타내었다.

【응용작품 7-②】
명주스카프

8)조각기법을이용한보자기(【응용작품8】

조각기법을 이용한 보자기
로 본 작품에 사용된 소재는
숙고사이며, 침선기법으로
는 홈질, 감침질을 이용하였
다. 돈이나 상품권보로 이용
하면 좋을듯하다.

【응용작품 8】 조각기법을 이용한 보자기

9) 바늘집을 응용한 노리개(【응용작품 9】)

본 작품에 사용된 소재는 쑥과 소목으로 염
색한 명주를 이용하였다. 조각천을 감침질기
법으로 이어 안쪽에 배접지를 대어 빳빳하게
한 후 가장자리는 사뜨기를 하여 앞뒤를 연결
했으며 장식천을 달았다

【응용작품 9】 바늘집을 응용한 노리개

제5장 결론 및 제언

이 책에서는 우리문화를 대표할만한 문화상품에 대한 요구가 절실한 요즈음 조선시대 규방여인들의 손에서 손으로 이어진 각종 침선소품의 종류와 쓰임새, 제작기법들을 종합적으로 고찰하여, 실제로 재현해보고 현대적으로 어떻게 응용할 수 있을지의 방법을 모색해보고자 했다.

연구결과는 다음과 같다.

첫째, 조선시대는 가내생산(家內生産)과 자급자족 경제체제에서 벗어나지 못하고 있어 침선(針線), 방적(紡績), 잠직(蠶織) 등의 일은 사대부의 가정으로부터 상민에 이르기까지 누구나 여성이면 습득할 것을 요구하고 있었다.

또한 당시의 여성들은 이러한 유교적, 도덕적 관념의 지배를 크게 받게 되어 외부출입이 자유롭지 못했던 관계로 여성들은 자연히 규방(閨房)에서 생활하게 되었고 부덕(婦德)을 쌓으며 지혜와 인내로서 생활해나갔다. 이러한 환경 속에서 많은 시간을 여성들은 침선을 통하여 부덕(婦德)을 닦는 교양으로서, 또는 가정생활과 수복(壽福), 부귀(富貴), 다남(多男) 등의 생활염원 등을 기원하고자 했던 것이다. 또한 당시 염료나 옷감을 구하기 어려운 데나 값이 비싸서 의복 등을 만들고 남은 조각천을 모아 두었다가 하나의 생활용품으로 사용하고 실용적으로 발달시킨 것으로 보인다. 따라서 침선소품의 종류가 다양하게 나타났으며, 소품 하나하나에도 세심한 배려와 정성, 아름다움이 깃들여져 있었다. 따라서 이러한 시대적 상황 속에서 규방문화(閨房文化)는 자연히 발달할 수밖에 없었다고 보겠다. 조선시대 여인들의 삶의 방식을 엿볼 수 있는 중요한 부분이라 할 수 있겠다.

둘째, 조선시대 침선도구의 종류로는 바늘(針), 실(絲), 자(尺), 가위(鋏), 인두, 화로, 인두판, 다리미, 골무, 바느질상자, 실고리, 실상자, 실첩, 실상자, 실패, 바늘꽂이, 바늘집 등이 있었다. 이러한 침선도구들은 침선에 절대적으로 필요한 것들이었으며 그 형태나 구조가 매우 과학적이고 능률적이서 침선의 수고를 다소나마 덜어주었고 이와 같은 침선도구들은 처음 실용적인 목적에서 발생되었으나 점차 장식성을 가미되어 아름다운 것이 많았다.

침선소품의 종류로는 골무, 바늘집, 바늘꽂이, 주머니(염낭, 귀주머니, 약주머니)보자기(조각보, 수보, 누비보, 혼수보, 주발보 등), 수저집, 향집, 버선본집, 가위집, 자집, 안경집, 매듭단추, 쌍밀이단추, 쌈지, 열쇠패 등을 볼 수 있었다.

침선소품의 용도를 보면, 골무는 바느질할 때에 바늘을 누르고, 바늘에 손끝이 찔리는 것을 막기 위한용도로 대부분 손가락 한 마디가 들어갈 정도의 크기로, 기본적으로 앞, 뒤판을 따로 만들어 둘레에 명주실로 사뜨기를 하여 연결하여 만든 것이었다.

바늘집은 바늘을 넣어 보관하는 집으로 항상 몸에 지니고 다니다가 필요할 때 바로 꺼내어 쓸 수 있도록 만들어 실용과 장식을 겸비하고 있었다. 바늘집의 형태는 대개 2개의 복숭아 모양으로 만들어 아랫부분과 윗부분으로 분리되는데, 아래 부분에는 바늘이 녹슬지 않게 머리카락을 넣어 바늘을 꽂게 되어 있고 끈으로 연결된 윗부분은 뚜껑이 있어 바늘을 공기와 차단하여 보관하도록 되어있었다.

바늘꽂이는 바늘을 꽂아두는 물건으로서 바늘방석 이라고도 하며 끈을 달아 인두판에 매달아 사용하기도 했다. 주로 사각형이나 삼각형, 원형의 형태로 옷을 짓고 남은 조각천을 이용하여 만들었는데, 안에 솜을 넣고 색색의 실로 곱게 꾸몄으며, 오색의 비단 조각을 달기도 했다.

주머니는 돈이나 소지품을 넣기 위해 실용적인 면에서 따로 만들어 차게 된 것이 장식화 되어 실용과 장식을 겸하고 있었다.

보자기는 여러 가지 용도로 쓰인 걸 볼 수 있었으며, 특히 조각보는 헝겊조각을 이어서 만든 보자기로 주로 서민층에서 많이 애용한 것으로 보이며, 궁보에서는 조각보가 보이지 않았으며 주로 하나의 천으로 이루어져 있었고, 당채보나 금박보가 있었다. 침선기법에 있어서는 홑보일 경우 곱솔이나 쌈솔로 조각을 연결하였으며, 겹보일 경우는 거의 감침질기법으로 조각을 잇고 있었다. 또한 실의 색상은 바탕천과는 대조되는 색으로 하여 바늘땀이 겉으로 드러나게 함으로써 장식의 효과를 낸 것을 볼 수 있었고, 전체적으로 쌍밀이단추가 달려있어 겹보의 경우 안감과 겉감을 고정시켜 주는 역할까지 하고 있어 장식과 실용을 겸하고 있다하겠다.

수저집은 수저를 넣어 보관했던 것으로 그 당시 먹는 일이 삶에서 중요한 위치를 차지했다는 것을 알 수 있으며, 더불어 먹는 도구인 수저는 귀중한 것이어서 주머니를 만들어 보관했었다는 것을 알 수 있었다.

향집은 의복에 패용함으로서 복식의 장식적 효과를 더해줄 뿐만 아니라 은은한 방향을 위시하여 약용 및 주술적 기능 등 다양한 기능성을 띤 장신구였으며, 가위집은 가위를 녹슬지 않게 하고 안전하게 보관하기 위한 용도로 쓰였으며, 버선본집은 버선본을 넣어 두던 보자기로 버선을 만들 때마다 간편하게 꺼내어 사용했나. 사집은 사를 쉽게 찾을 수 있도록 일정한 장소를 지정하여 넣어 두기 위한 목적으로 만들어 사용했으며, 안경집은 안경을 넣어 보관했고, 매듭단추는 여밈에 이용했으며, 쌍밀이단추는 침선소품에 장식상의 목적으로 사용된 걸 볼 수 있었으며, 쌈지는 잎담배를 넣어 사용했고 열쇠패는 열쇠에 매달아 장식을 했던 것을 알 수 있었다.

침선소품류에 나타난 색상은 음양오행설에 근거한 적(赤), 청(靑), 황(黃), 백(白), 흑(黑) 등의 오방색을 근거로 하고 있었다. 이중에서도 적색이 가장 많이 나타났는데, 이는 적색이 양기가 가장 왕성하여 액의 접근을 막으려 한 벽사의 의미로 사용된 것으로 보인다. 또한 오방색 이외에 연두색, 분홍색, 초록색, 옥색, 자주색, 자색 등의 중간색이 나타나고 있는데 이것은 점차 염색법이 발달하여 중간색을 많이 낼 수 있었기 때문으로 보인다.

침선소품류에 나타난 문양으로는 자손이 번성하고 부귀영화를 누리며 장수하고 싶어 하는 현실위주의 길상사상이 문양으로 표현되어 주술적 의의를 한층 강화시킨 것을 알 수 있었다.

셋째, 침선소품의 재현과 응용에서는 재현작품 총 25점, 응용작품 총 22점을 제시하였다. 작품제작에 사용한 소재로는 손무명, 삼베, 모시, 견(명주, 숙고사, 갑사, 양단, 운문단, 모본단)을 사용하였다. 염색기법으로는 홍화, 쪽, 괴화, 소목, 자초, 꼭두서니, 빈랑, 정향, 물푸레나무, 쑥, 오배자 염색을 하였으며, 침선기법으로는 홈질, 박음질, 시침질, 감침질, 공그르기, 상침, 사뜨기, 곱솔, 쌈솔, 쌍밀이단추, 매듭단추, 풀칠하기 등을 사용했다.

인사동의 전통소품전문점들과 곳곳의 문화상품 판매점에서는 골무, 바늘꽂이, 바늘집, 가윗집, 실패, 주머니, 노리개, 가방, 누비주머니, 지갑, 컵받침, 방석, 쿠션, 식탁보, 컵받침, 스카프, 조각보, 수보 액자, 골무액자, 상품권보, 발, 핸드폰줄, 핸드폰주머니 등 한국의 전통문양이나 소재를 현대인의 정서에 맞게 소품들을 개발, 전시 판매하고 있었다. 전통과 현대의 자연스러운 만남으로 만들어진, 예술적 멋이 가미된 독특한 소품과 다양한 문화상품들이 외국 관광객들뿐만 아니라 우리나라 사람들 특히 젊은층에서의 큰 관심과 호응을 볼 수 있었으며, 디자인이나 소재 면에서 한층 세련되어지고 다양화 된걸 볼 수 있었다.

이렇듯 문화상품은 전통문화를 바탕으로 사회, 문화적인 측면에서 국가 홍보의 전위대로 국위를 선양하며, 경제적인 측면에서 부가 가치와 외화 가득률이 높은 산업으로 관광기념품뿐만 아니라 생활의 필수품 또는 기호품 등으로 널리 이용되고 있다.

이 책이 소품을 개발하는 이들에게 제대로 우리의 침선소품의 용도와 의미를 알고 디자인을 개발하는데 그 기초 자료로서 도움이 되었으면 한다. 또한 전통문화를 무조건 모방만 할 것이 아니라 전통을 바탕으로 한 현대적 활용을 통해 세계인이 공감할 수 있는 코리아니즘으로 발전시켜 나가길 바라며, 앞으로의 연구에서는 좀 더 다양한 디자인 개발을 통해 현대인의 감각에 맞으면서도 전통적인 감각을 살릴 수 있는 새로운 시각의 시도가 이루어지길 바란다.

참고문헌

1. 저서

<古書>

金富軾. 『三國史記』. 高麗 仁宗 二十三年, 1145.

朴文秀 外. 『尙方定例』. 尙衣院, 1750.

朴一源. 『秋官志』. 正祖 五年, 1780.

憑虛閣李氏. 『閨閤叢書』. 高宗 十八年, 1881.

徐兢. 『宣和奉史高麗圖經』. 高麗 仁宗 元年, 1123.

徐有榘. 『林園十六志』, 純祖年間, 1830 年頃.

昭惠王后. 『內訓』. 成宗 三年, 1472.

孫穆. 『鷄林志』.

宋時烈. 尤菴先生 『戒女書』. 肅宗 四十三年, 1717.

李圭景. 『五洲衍文長箋散稿』. 憲宗年間, 1840年頃.

李德懋. 『靑莊館全書』. 正祖 十九年, 1795.

一然. 『三國遺事』. 高麗忠烈王 十一年, 1285.

鄭麟趾 外. 『高麗史』. 文宗 元年, 1451.

崔恒. 『經國大典』. 睿宗 一年, 1469.

洪良浩. 『耳溪集』. 仁祖年間, 1630年頃.

『朝鮮王朝實錄』. 宣祖 三十六年(1603)~융희 四年, 1910.

『本草綱目』

『閨中七友爭論記』

『弔針文』

<現代>

국립민속박물관.『여성의 손끝으로 표현된 우리의 멋』. 서울: 신유
　　　　　문화사, 1999.

국립민속박물관.『한국복식2천년』. 서울: 도서출판 신유, 1997.

국립중앙박물관.『韓國의 美: 衣裳, 裝身具, 袱』. 서울: 通川文化社, 1988.

김부식(著),이병도(譯),『삼국사기』. 서울: 을유문화사, 2000.

김분옥.『한복생활』. 서울: 교문사, 1982.

김분칠.『한복구성학』. 서울: 교문사, 1995.

김숙당.『조선재봉전서』. 서울: 활문사, 1924.

김영숙.『조선조말기 왕실복식』. 서울: 民族文化文庫刊行會, 1987.

김영숙 편저.『한국복식문화사전』. 서울: 미술문화, 1998.

김영자.『한국의복식미』. 서울: 민음사, 1992.

김용숙.『韓國女俗史』. 서울: 민음사, 1990.

김정호, 이미석.『우리 옷 만들기』. 대전: 한남대학교 출판부, 2000.

김정호, 이미석.『전통염색과 소품 만들기』. 대전: 한남대학교 출판부,
　　　　　2001.

김종택.『조선의 여인』. 서울: 문화출판사, 1984.

김현희(편저), 허동화(감수).『보자기』. 서울: 한국문화재보호재단, 2000.

김희진.『每緝과 多繪』. 서울: 光門社, 1974.

동아출판사 편집부.『국민생활백과 하권』. 서울: 동아출판사, 1965.

동아출판사 편집부.『동아원색세계백과사전 3』. 서울: 동아출판사, 1982.

맹인재.『韓國의 民俗工藝』. 서울: 세종대왕기념사업회, 1979.

민길자.『전통옷감』. 서울: 대원사, 1997.

박경자, 임순영.『한국의복구성』. 서울: 수학사, 1994.

박영순.『전통한복구성』. 서울: 신양사, 1995.

백영자.『한국의 봉제』. 서울: 교학연구사, 1998.

백영자.『한국의 복식』. 서울: 경춘사, 1993.

빙허각이씨, 정양완(譯).『閨閤叢書』. 서울: 寶晉齊, 1999.

수림원.『이조의 자수』. 서울: 창진사, 1974.

숙명여자대학교 박물관.『韓國의 刺繡 어제와 오늘』. 서울: 아틱, 2000.

숙명여자대학교 박물관.『숙명사랑기증전』. 서울: 무명아트, 1998.

석주선.『裝身具』. 서울: 단국대학교 출판부, 1981.

석주선.『韓國服飾史』. 서울: 寶晋齊, 1971.

손경자.『전통한복양식』. 서울: 교문사, 1995.

아세아여성문제연구소.『李朝女性硏究』. 서울: 숙명여자대학교 출판부,
        1976.

유희경.『한국복식사연구』. 서울: 이화여자대학교 출판부, 1975.

유희경.『한국복식문화사』. 서울: 교문사, 1991.

이경자, 홍나영.『한국의 옛주머니』. 서울: 이화여자대학교 출판부, 2001.

이기문 감수.『동아 새국어사전』. 서울: 두산동아, 2001.

李能和.『朝鮮女俗考』. 서울: 新韓書林, 1968.

이선재.『유교사상과 의례복』. 서울: 아세아문화사, 1992.

이은창.『한국 복식의 역사』. 서울: 세종대왕기념사업회, 1978.

이어령.『한국인의 손, 한국인의 마음』. 서울: 디자인하우스, 1999.

李如星.『朝鮮服飾考』. 서울: 白楊堂, 1981.

이주원.『한복구성학』. 서울: 경춘사, 1997.

이화여자대학교 박물관.『服飾』. 서울: 이화여자대학교 출판부, 1995.

일연(著),이민수(譯).『삼국유사』. 서울: 을유문화사, 2001.

조경래, 문광희, 대안스님.『전통염색의 이해』. 부산: 보광출판사, 2000.

조경래.『천연염료와 염색』. 서울: 형설출판사, 2000.

조효순.『한국복식풍속사연구』. 서울: 일지사, 1988.

중요무형문화재 제89호.『침선장』. 서울: 국립문화재연구소, 1998.

최남선.『朝鮮常識』. 서울: 東明社, 1948.

최남선.『故事通』. 서울: 三中堂, 1944.

최재석.『한국문화사 대계: 풍속, 예술사편』. 서울: 고대 민족문화연
구소, 1970.

하현강.『한국여성의 전통상』. 서울: 민음사, 1985.

한광석.『쪽물들이기』. 서울: 대원사, 1997.

한국고문서학회.『조선시대 생활사』. 서울: 역사비평사, 1996.

한국문화재보호재단.『전통염색공예』. 서울: 예맥출판사, 1977.

한국정신문화연구원.『한국민족문화대백과사전』. 서울: 웅진출판사, 1991.

한영화.『전통자수』. 서울: 대원사, 1999.

허 균.『전통문양』. 서울: 대원사, 1995.

허동화.『우리 규방 문화』. 서울: 현암사, 1997.

허동화.『옛보즈기』. 서울: 한국자수박물관 출판부, 1988.

허동화.『한국의 자수』. 서울: 삼성출판사, 1978.

2. 논문

강윤숙. "복식에 나타난 오행색 의미에 관한 연구",『복식』 제20호, 한국복식학회지, 1993.

강응선. "우리나라 문화상품의 디자인개발 진흥정책에 관한 연구: 최종보고", 매일경제연구소. 1997.

국립중앙과학관. "전통과학기술조사연구－염색, 한지, 옻칠－", 1995.

권내탁. "李朝末期의 農村織物手工業硏究", 嶺南大 附設 産業經濟硏究所, 1969.

권병탁. "명주짜기", 영남대학 민족문화논총 제9집.

金文玉. "朝鮮時代의 실패에 關한 硏究", 숙명여자대학교 대학원 석사학위논문, 1986.

김문주. "天然染色을 이용한 針線 工藝品에 관한 연구－주머니와 조각보를 중심으로－", 대구카톨릭대학교 대학원 석사학위논문, 2001.

金美子. "개화기(開化期)의 여자복식과 사상(思想)에 관한 연구", 서울여자대학 교 논문집, 제18호, 1989.

金星嬉. "朝鮮朝 後期 조각褓에 대하여: 針線을 중심으로", 홍익대학교 대학 원 석사학위논문, 1979.

金昭英. "朝鮮時代 褓에 나타난 美意識 연구", 대구카톨릭대학교 대학원 석사학위논문, 2001.

김수석. "한국적 문양의 고찰과 조형적 분석", 숙대창립 30주년 기념논문집 제7호, 1968.

金永淑. "韓國服飾史에 나타난 傳統色 硏究", 숙명여자대학교 대학원 박사학위논문, 1988.

김영숙. "朝鮮時代 조각보자기에 나타난 色彩 연구", 성신여자대학교 대학원석사학위논문, 1988.

金用淑. "李朝宮中風俗의 硏究", 숙명여자대학교 대학원 박사학위논문, 1974.

金一美. "朝鮮初期의 男女均等 相續制에 대하여", 梨大史苑 8輯, 1969.

김정호. "傳統韓國服飾속에 나타난 쪽빛에 관한 연구", 한남대학교 논문집 제26집, 1996.

김정호, 이미석. "전통한국복식 속에 나타난 홍화와 소목빛에 관한 연구", 한남대학교 논문집 제27집, 1997.

김준호. "植物性 染料에 관한 實驗硏究", 홍익대학교 대학원 석사학위논문, 1983.

대한무역투자진흥공사. "주요국의 문화상품 개발 지원제도 및 우리 문화상품의 해외진출방안: 전통문화상품을 중심으로", 문화관광부, 1998.

都琴玉. "朝鮮時代 조각보의 造形性 연구", 동국대학교 대학원 석사학위논문, 1997.

문화공보부 문화재관리국. "조선시대 궁중복식", 1981.

박성실. "누비소고", 『服飾』, 한국복식학회지, 1990.

朴昭美. "우리나라 골무에 關한 研究", 숙명여자대학교 대학원 석사학위논문, 1985.

朴姃信. "韓國의 傳統小品에 關한 研究—針線과 刺繡를 中心으로", 기전여자전문대학 논문집, 제2집, 1981.

朴仁子. "朝鮮朝 바늘집과 바늘꽂이에 관한 研究—刺繡品을 중심으로—", 숙명여자대학교 대학원 석사학위논문, 1986.

박정례. "조선시대 繡노리개에 대한 연구", 이화여자대학교 대학원 석사학위논문, 1981.

박정식. "우리나라의 바느질 用具 小考: 조선왕조시대를 중심으로", 세종대학교 대학원 석사학위논문, 1980.

배천범, 박민여, 금기숙. "패션디자인 문화상품 개발·육성 방안 연구", 문화관광부, 1998.

백종숙. "朝鮮時代 染色의 堅牢度 研究", 숙명여자대학교 대학원 석사학위논문, 1984.

蘇晃玉. "韓國傳統染織에 관한 文獻的 研究", 세종대학교 대학원 박사학위논문, 1984.

심미경. "조선왕조 후기 노리개에 관한 연구", 서울여자대학교 대학원 석사학위논문, 1982.

예덕희. "조선시대 주머니 문양에 관한 연구", 홍익대학교 대학원 석사학위논문, 1976.

吳雪中子. "우리나라 바느질 用具에 關한 研究", 숙명여자대학교 대학원 석사학위논문, 1980.

尹鳳洙. "綿纖維의 天然染色에 관한 實驗研究", 홍익대학교 대학원 석사학위논문, 1983.

李 英. "傳統 天然 染料에 관한 實驗研究", 홍익대학교 대학원 석사학위논문, 1982.

李文垣. "李朝時代의 衣料生産에 關한 考察", 숙명여자대학교 아세아여성연구 제1집, 1962.

李美祏. "향(香)집에 관한 연구", 숙명여자대학교 대학원 석사학위논문, 1994.

李宣貞. "朝鮮時代 帖裏색의 染色研究-홍색계 첩리를 중심으로-", 석사학위논문, 숙명여자대학교 대학원, 1986.

李時鎔. "朝鮮朝 士大夫의 閨房教育", 인천교대논문집 11. 1983.

이양섭. "朝鮮時代 宮中服色 染色研究", 建國大學敎 生活文化研究所: 研究報告 제11집, 1988.

이양섭. "韓國傳統 紅染 研究", 建國大學敎 生活文化研究所: 研究報告 제4집, 1980.

이은경. "朝鮮王朝의 布帛尺에 관한 연구", 서울여자대학교 대학원 석사학위논문, 1981.

이혜선. "전통자수의 조형성을 통한 현대자수 작품연구", 이화여자대학교 대학 원 석사학위논문, 1995.

장현주. "20世紀 前半期의 韓國 絹織物 研究", 부산대학교 대학원 석사학위논문, 1993.

장현주. "조선시대 견직물 연구", 부산대학교 대학원 박사학위논문, 1999.

정봉례. "조선조 규방용품을 응용한 장신구 연구", 숙명여자대학교 대학원 석 사학위논문, 1998.

정명숙. "조선시대 노리개에 반영된 여성의 가치관 고찰", 계명대학교 대학원 석사학위논문, 1983.

정성복. "우리나라 노리개에 관한 연구", 이화여자대학교 대학원 석 사학위논문, 1970.

정필순. "한국자연염료와 염색에 대한 연구－문헌 수집을 중심으로－", 이화여자대학교 대학원 석사학위논문, 1984.

정현주. "조선시대 복식 문양 연구", 숙명여자대학교 대학원 석사학 위논문, 1988.

조효숙. "조선시대의 전통염색법 연구－규합총서를 중심으로－", 이 화여자대학교대학원 석사학위논문, 1983.

조효숙. "조선전기 면직물 발달에 관한 연구", 『복식』 제45호, 한국 복식학회지, 1999.

최인건. "손누비에 관한 연구", 숙명여대대학원 석사학위논문, 1988.

태평양 장학문화재단. 『태평양 여대생 논문집 제1집('95~'97)』.

許晶華. "傳統 繡褓에 關한 研究－조선조 후기 수보의 문양을 중심으로－", 숙명여자대학교 대학원 석사학위논문, 1985.

洪性德. "우리나라 바느질道具 小考－李朝時代를 中心으로－", 이화 여자대학교 대학원 석사학위논문, 1972.

3. 기타

계몽문화재단, 『온양민속박물관』 도록.

고려대학교 민족문화연구소, 한국민속대관 CD-ROM』.

국립경주박물관 홈페이지. 『http://gyeongju.museum.go.kr』.

국립민속박물관 홈페이지. 『http://www.nfm.go.kr』.

삼성생명. 『1997년 CALENDER』.

삼성생명. 『2001년 CALENDER』.

닥나무 한지공예. 『http://www.daknamu.com』.

두산동아. 『두산세계대백과사전 CD-ROM』.

문화사랑. 『월간 우리 옷 사랑』, 1999.

백제문화개발연구원. 『백제조각, 공예도록』, 1992.

이병찬. 『국립중앙박물관 염색교실』.

전남 농업기술원 홈페이지. 『http://www.chonnam.rda.go.kr』.

조선왕조실록 간행위원회. 『조선왕조실록 CD-ROM』.

중앙일보. 2001년 8월 23일자.

한국자수박물관. 『http://www.korea.insights.co.kr』.

한국전통염색연구회. 『전통염색문화강좌 －쪽, 홍화－』. 2000.

• 저자 •

이미석(李美祏) **• 약력 •**

　　　　한남대학교 사범대학 가정교육과 졸업
　　　　숙명여자대학교 대학원 의류학 석사
　　　　숙명여자대학교 대학원 의류학 박사

　　　　숙명여자대학교, 숭의여자대학, 한남대학교 의류학과 강사
　　　　한국복식학회, 한국의류학회, 아시아민족조형학회,
　　　　한복문화학회 회원

　　　　• 주요논저 •

「향집에 관한 연구」
「전통한국복식에 나타난 홍화와 소목빛에 관한 연구」
「朝鮮時代 閨房文化와 針線小品에 관한연구」
「고구려 고분벽화 문양과 침선소품 개발에 관한연구」
「고구려 벽화 의복에 관한연구」
『우리옷 만들기』(공저)
『전통염색과 소품만들기』(공저)
『천연염색과 규방공예』(공저)
외 다수

우리규방문화와 침선소품

• 초판 인쇄	2005년 10월 30일
• 초판 발행	2005년 10월 30일
• 지 은 이	이미석
• 펴 낸 이	채종준
• 펴 낸 곳	한국학술정보(주)
	경기도 파주시 교하읍 문발리 526-2
	파주출판문화정보산업단지
	전화　031) 908-3181(대표) · 팩스　031) 908-3189
	홈페이지　http://www.kstudy.com
	e-mail(e-Book사업부)　ebook@kstudy.com
• 등　　록	제일산-115호(2000. 6. 19)
• 가　　격	39,000원

ISBN　89-534-3369-X 93590 (Paper Book)
　　　　89-534-3370-3 98590 (e-Book)